WISSEN UND GLAUBEN BEI PASCAL.

VON

Dr. KURT WARMUTH,
LICENTIAT DER THEOLOGIE.

Ἐγώ εἰμι ἡ ἀλήθεια
Joh. XIV. 6.

1902.
BERLIN GEORG REIMER.

Herrn Oberconsistorialrath
Superintendent D. Dr. Franz Dibelius.

in dankbarer Verehrung.

Vorwort.

L'étude dé l'homme, c'est la
vraie étude qui lui est propre.
Pascal.

Aus dem Leben grosser Männer fällt ein lichter Schein auf die spätesten Geschlechter. Mit Siegerstolz können diese Geistesgewaltigen die Krone der Unsterblichkeit sich aufs Haupt drücken und jubeln wie Faust:

„Es kann die Spur von meinen Erdentagen
Nicht in Aeonen untergeh'n!"

Zu ihnen gehört Pascal. Seit er am 19. August 1662 die Augen für immer geschlossen, hat sich die gelehrte Forschung eingehend mit seinen genialen Werken beschäftigt. Ein besonders lebhaftes Interesse bringt ihm heute die wissenschaftliche Welt entgegen. Ein Blick auf die grosse Pascal-Litteratur in Frankreich und Deutschland beweist es. Dieser Fürst im Reiche des Geistes verdient es auch. Schon wegen der Form. Jeder seiner Sätze ist gemeisselt wie eine antike Statue. Noch mehr wegen des Gehalts. Die Gedanken sind voll Schwung, Gemüthstiefe und Adel der Gesinnung. Seine glühende Jesusliebe giebt ihm ein klares Auge und ein warmes Herz für den Menschen in seinem Elend und in seiner Grösse. Er steht am Kreuz auf Golgatha und umschlingt den Erlöser. Wer ihn verstehen will, steige aus den Niederungen der Erde auf diese Höhe des Heils!

Während meiner Leipziger Studienzeit wies mich mein hochverehrter Lehrer, Domherr Geheimrath D. Dr. Luthardt, auf Pascal hin. Je tiefer ich in seine wunderbare Geisteswelt eindrang, umso mehr lernte ich ihn lieben. Ich suchte zunächst seine religiös-ethischen Ideen in der Abhandlung „Das religiös-ethische Ideal Pascals“ darzustellen, die ich 1901 herausgab.

Die günstige Aufnahme, welche diese Schrift vor der Kritik fand, bestärkt mich, auch vorliegende Arbeit, die Frucht jahrelanger Studien, zu veröffentlichen. Ich habe mich bemüht, darin zu zeigen, wie Pascal über die Cardinalfrage: in welchem Verhältniss steht die Philosophie zur Theologie, oder das Wissen zum Glauben? gedacht hat. Das Problem findet bei Pascal seine Lösung in der Person dessen, der da spricht: „Ich bin die Wahrheit!“

Diese Lösung gilt noch heute, sie gilt für immer. Der Mensch steht ewig vor verschlossener Pforte, wenn er nicht die Hand des Sohnes ergreift, der die Pforte öffnet und ihn heimführt ins Vaterhaus.

Den Herren Professoren Emile Boutroux, Membre de l’Institut, in Paris, D. Dr. Otto Kirn in Leipzig, Dr. Christoph von Sigwart in Tübingen, Dr. Ludwig Stein in Bern und D. Dr. August Wünsche in Dresden sage ich für werthvolle Winke und reiche Anregungen meinen herzlichsten Dank.

Mag auch diese Schrift bei allen Pascal-Freunden eine günstige Aufnahme finden! Sabatiers Wort, mir aus der Seele gesprochen, geleite sie: „Le premier livre qui passionna ma jeunesse, ce fut le livre des Pensées!“

Dresden, Pfingsten 1902.

Dr. **Kurt Warmuth.**

Inhalt.

Die benutzte Ausgabe von Pascal ist die von Faugère, 1844 in 2 Bänden bei Andrieux zu Paris erschienen.

Einleitung.

Um Pascal, gleich gross an Geist und Herz, zu begreifen, muss man an ihm den Mathematiker und den Jansenisten unterscheiden.

Wie er selbst sagt, hat er sich lange Zeit mit dem Studium der abstrakten Wissenschaften beschäftigt und darauf zum Studium des Menschen gewandt. [1])

Als die Wissenschaft schlechthin gilt ihm die Mathematik. Alle Welt kennt seine hervorragenden Leistungen hierin.

Aber die abstrakten Wissenschaften thuen ihm nicht Genüge; neben einem klaren, scharfen Verstande besitzt er ein Herz voll Glut und Leidenschaft. Das Räthsel des Menschen bewegt ihn;

[1]) I 199. J'avais passé longtemps dans l'étude des sciences abstraites, et le peu de communication qu'on en peut avoir m'en avait dégoûté. Quand j'ai commencé l'étude de l'homme, j'ai vu que ces sciences abstraites ne lui sont pas propres et que je m'égarais plus de ma condition en y pénétrant que les autres en les ignorant: j'ai pardonné aux autres d'y peu savoir. Mais j'ai cru trouver au moins bien des compagnons en l'étude de l'homme et que c'est la vraie étude qui lui est propre.

vergeblich sucht er bei den Philosophen die Lösung, er findet sie im Christenthum, nämlich im Jansenismus. Das Studium des Menschen führt ihn zum Studium der Religion.

Man kann so zwei Stadien seines geistigen Lebens unterscheiden: in dem ersten steht die Mathematik, in dem zweiten der Mensch und die Religion im Vordergrunde seines Interesses.

Der Mathematik hat er besonders seine Jugend gewidmet. Von 1647, wo er zuerst mit den Jansenisten in Berührung kommt — er liest Jansen: „Discours sur la réformation de l'homme intérieur“ —, bildet das Räthsel des Menschen sein Hauptinteresse. Er studirt die Philosophen. Um sich von seinen angestrengten Studien zu erholen, giebt er sich auf Rath der Aerzte kurze Zeit dem weltlichen Leben hin. Das Ereigniss auf der Brücke zu Neuilly ruft ihn 1654 zur asketischen Lebensweise zurück; er tritt in nähere Verbindung mit Port-Royal und widmet sich zumeist religiösen Studien: im Jansenismus hat er die Lösung des Räthsels vom Menschen gefunden. Er fasst den Plan, die Atheisten zu widerlegen. Er sammelt Gedanken über die Religion. Während des Sammelns bestimmt sich ihm sein Plan näher dahin, den Glauben bei den Ungläubigen vorzubereiten; kann doch der Mensch weiter nichts, denn der Glaube ist göttliche Wirkung. Er befolgt dabei die „Methode des Herzens“, sie heisst: échauffer, non instruire.[2])

Das ist die Geschichte von Pascals Geist. Und die seines Herzens? Von Jugend auf bis an das Ende hat den Grund seiner Seele ein Glaube erfüllt voll Leben und Kraft; gewiss, er ist zu Zeiten zurückgetreten, aber dann umso gewaltiger hervorgebrochen. Das ist das Geheimniss von Pascals Grösse: er vereinigt in sich ein eminentes mathematisches Genie und eine tiefreligiöse Natur.

Das erste Stadium. Als Mathematiker tritt uns Pascal in den mathematischen, naturwissenschaftlichen und logischen Fragmenten entgegen: Préface sur le traité du vide, nach Faugère 1647; L'Esprit géométrique, 1655? L'art de persuader, wahrscheinlich erst 1657 oder 58. Hier vertraut Pascal der Kraft des

---

[2]) II 265.

Verstandes und vertheidigt sein Recht gegenüber der Autorität. Wissen ist möglich mit Hilfe des natürlichen Lichts und der mathematischen Methode. Das Wissen erstreckt sich auf das natürliche Gebiet, der Glaube auf das übernatürliche; jedes hat seine besondere Ordnung: auf dem natürlichen hat der Verstand, auf dem übernatürlichen das Herz das erste Wort. Das Wissen ist des Menschen That, der Glaube ist Wirkung einer übernatürlichen Kraft.

Bereits im ersten Stadium klingt das zweite an. Pascal kennt eine ethische Wirkung der Mathematik. Der Begriff der doppelten Unendlichkeit der Grösse und Kleinheit weckt im Herzen Bewunderung für die Grösse der Natur und Selbsterkenntniss. Diese ethische Wirkung hält er für werthvoller als die ganze übrige Mathematik.

Das zweite Stadium. Die abstrakten Wissenschaften können seinem glühenden Herzen, das der Wahrheitsdrang eines Faust beseelt, auf die Dauer nicht genugthun; er gräbt tiefer. Sein Interesse wird praktisch. Das Räthsel des Menschen lässt ihm keine Ruhe. Er forscht bei den Philosophen: Epiktet und Montaigne befriedigen ihn nicht. Ihre Erkenntniss des Menschen ist einseitig. Er hält Abrechnung mit ihnen im Entretien avec Saci sur Epictète et Montaigne, 1654. Die Lösung bietet ihm das Christenthum, nämlich der Jansenismus.

Als Jansenist zeigt sich Pascal in den Pensées. Die Lösung der Widersprüche im Menschen hat er im Dogma vom Fall, von der Erbsünde und Gnade gefunden. Alles Menschliche erscheint ihm im Gegensatz zur göttlichen Gnade gering. Das Glückseligkeits-Interesse leitet ihn jetzt. Die Wissenschaft hat nur noch formalen Werth. Ist doch Wissen dem Menschen aus metaphysischen und psychologisch-ethischen Gründen unmöglich. Was er erreichen kann, ist nur Ungewissheit: er ist unfähig, gewiss zu wissen und absolut nicht zu wissen. Nur sein Elend kann und soll er erkennen. Dies soll ihn zum Suchen eines Heilmittels antreiben. Das Heilmittel ist der Glaube. Nicht aus eigener Kraft kann er ihn erwerben. Er ist eine Gabe Gottes, göttliche

Erleuchtung; der Mensch kann sich nur durch die Vernunft und die Gewöhnung darauf vorbereiten. Die Entscheidung liegt in Gottes Hand: er giebt den Glauben. Jedem? Nein, nur dem, den er erwählt hat.

Wir sehen, Pascals Anschauung über das Wissen ist einer Wandlung unterworfen. Als Mathematiker sagt er: Wissen ist möglich mit Hülfe des natürlichen Lichts und der mathematischen Methode. Als er sich von den abstrakten Wissenschaften zum Studium des Menschen gewandt hat, wird er immer misstrauischer gegen das Wissen, da er die verschiedenen, sich ganz widersprechenden Ansichten der Philosophen über den Menschen liest. Das Misstrauen wächst, er kommt zu dem Schlusse des Sokrates: „Ich weiss, dass ich nichts weiss!" Er steht jetzt auf dem Standpunkt der weisen Unwissenheit, von der er selbst spricht.[3]) Er unterwirft seine Vernunft dem Dogma vom Fall und von der Gnade. Im Glauben findet er die Gewissheit, er ist das höchste Wissen. Von hier aus erscheint ihm alles menschliche Wissen unvollständig und unsicher.

Und seine Anschauung über den Glauben? Ueber das Wesen desselben urtheilt er als Mathematiker und Jansenist gleich: er charakterisirt ihn in der Préface sur le traité du vide als eine „übernatürliche Kraft" und in den Pensées als eine „Gabe Gottes". Ueber das Gebiet des Glaubens urtheilt er verschieden. Als Mathematiker beschränkt er den Glauben auf das Gebiet der religiösen Wahrheiten und lässt neben ihm, wenn auch im Range unter ihm, das Gebiet des Wissens gelten.[4]) Als Jansenist kennt er nur ein Gebiet der Wahrheit, das des Glaubens.

---

[3]) I 180. Les sciences ont deux extrémités qui se touchent: la première est la pure ignorance naturelle où se trouvent tous les hommes en naissant; l'autre extrémité est celle où arrivent les grandes âmes qui ayant parcouru tout ce que les hommes peuvent savoir, trouvent qu'ils ne savent rien et se rencontrent en cette même ignorance d'où ils étaient partis. Mais c'est une ignorance savante qui se connaît.

[4]) Dreydorff erklärt sich diesen Respekt für die Theologie aus der Tendenz des Aufsatzes „Ueber das Leere", den Fortschritt der Naturwissenschaften gegen die kirchliche Reaction zu vertheidigen. Dürfte er nicht tiefer, nämlich in Pascals von Haus aus gläubiger Seele, begründet sein?

Wir wollen nun im einzelnen zu zeigen versuchen, wie Pascal über Wissen und Glauben zuerst als Mathematiker und dann als Jansenist gedacht hat.

Litteratur.

Pascal hat die verschiedenste Beurtheilung erfahren.

Während Cousin[5]) und Jetter[6]) ihn für einen Feind der Philosophie halten, nennen ihn Havet[7]) und Nourrisson[8]) einen Freund derselben.

Im Gegensatze zu Neander[9]), der sagt, dass Pascal den Streit zwischen Glauben und Wissen ausgeglichen und somit das Problem einer Versöhnung von Glauben und Wissen, Theologie und Philosophie, gelöst habe, meint Jetter, dass Pascal auf die rationelle Lösung des Problems verzichte, indem er auf die Lehre von der Erbsünde und Prädestination zurückgehe, wobei zwischen dem Zustande der Ungewissheit und dem der Gewissheit durch Offenbarung keine Vermittelung stattfinde.

Darin stimmen allerdings fast alle Schriftsteller überein, dass sie in Pascals eigenem Innenleben den Glauben als triumphirende Macht ansehen.

Bereits Pascals Schwester, Gilberte Perier[10]), sagt in der Lebensbeschreibung ihres Bruders: „Sein grosser, wissbegieriger Geist, der mit soviel Fleiss Ursache und Grund von allem suchte,

---

5) Cousin, Étude sur Pascal, 5. ed. Paris, 1857.

6) Jetter, Jahrbücher für deutsche Theologie, 17. Bd., p. 228—320, 1872. „Pascal wollte von der Philosophie überhaupt nichts wissen."

7) Havet, Étude sur les Pensées de Pascal als Einleitung zu seiner Ausgabe der Gedanken, 2 Bde. Paris 3. ed. 1881. „Dass Pascal kein Feind der Philosophie ist, beweist sein Wort: La raison nous commande bien plus impérieusement qu'un maître; car en désobéissant à l'un, on est malheureux et en désobéissant à l'autre, on est un sot".

8) Nourrisson, Pascal physicien et philosophe, Paris 1885 « Ramener les esprits des distractions qui les leurrent à l'étude d'eux-mêmes et de la connaissance d'eux-mêmes à la connaissance de Dieu — n'est pas encore les ramener à la philosophie? »

9) Neander, Ueber die geschichtliche Bedeutung der Pensées Pascals für die Religionsgeschichte insbesondere, Berlin, 1847.

10) Havet, Pensées de Pascal, Paris 1881 I p. LXIX.

war in Dingen der Religion unterthänig wie ein Kind. Diese Einfalt hat sein ganzes Leben über in ihm geherrscht."

Auch Faugère [11]) giebt Pascals persönlichem, sein ganzes Wesen durchdringendem Glauben ein glänzendes Zeugniss. Nach ihm ist Pascals Meinung nicht, dass der Mensch ohne Christus schlechthin jedes Begriffs von Gott, von dem wahren Guten, der Gerechtigkeit und Seligkeit entbehre. Sein Misstrauen in die natürliche Vernunft des Menschen ging nie so weit. Er glaubte vielmehr, dass die vollkommene Erkenntniss Gottes, des Wahren und Guten untrennbar wäre von der Erkenntniss Christi.

Ebenso warnt Sainte-Beuve [12]), Pascal zu sehr als Skeptiker zu fassen, wozu der Skepticismus unserer Tage verleite. Pascals Glaube [13]) war tief, lebhaft und wahr.

In seinem grossen Werke über Port-Royal [14]) feiert Sainte-Beuve Pascals Liebe zu Jesu, indem er ausruft: « Quel amour débordant! quelle tendresse! quelle fusion de tout en l'unique Médiateur! Ce livre des Pensées, dans son ensemble, si revêtu d'éclat, si armé de rigueur et comme d'épouvante au dehors, et si tendre, si onctueux au fond, se figure à mes yeux comme une arche de cèdre à sept replis, revêtue de lames d'or et d'acier impénétrable, et qui, tout au centre, renfermé à nu, amoureux, douloureux, joyeux, le cœur le plus saignant et le plus immolé de l'Agneau. Saint-Jean, l'Apôtre de l'amour, eut-il jamais plus de tendresse et de suavité sensible que cet Archimède en pleurs au pied de la Croix? »

Aehnlich Havet [15]). Von Anfang an steht Pascal auf dem Felsen des Glaubens [16]). Nicht als Freigeist, der vom allgemeinen

---

[11]) Faugère, Pensées, fragments et lettres de Bl. Pascal, 1844.

[12]) Sainte-Beuve, Portraits contemporains, Paris 1846.

[13]) Cf. Kurt Warmuth, Das religiös-ethische Ideal Pascals, Leipzig, Georg Wigand, 1901. p. 8.

[14]) Sainte-Beuve, Port-Royal, Paris 1860 III, 381. Cf. II, 377 — III, 393.

[15]) a. a. O.

[16]) La vie de Pascal appartient à la foi tout entière; on ne saurait trouver dans cette existence si suivie un intervalle où on puisse supposer que la foi se soit rétirée de lui.

Zweifel ausgeht, darf man sich ihn vorstellen; er geht vom Glauben aus, der Glaube ist bei ihm tief, unaustilgbar eingewurzelt; unterwegs begegnet er dem Zweifel, nicht als einem Princip, sondern als einem Hindernisse. „Nicht ein Philosoph, der seinen Weg sucht oder sich anstrengt, die Wahrheit zu entdecken, ist Pascal, sondern ein Gläubiger, der die Wahrheit kennt, und der Schwierigkeiten zu lösen sucht, die sie verdunkeln"[17]). Am vollkommenen Verständnisse Pascals hindert uns der Rationalismus unserer Zeit[18]).

Auch Faguet[19]) sieht den innern Grund von Pascal im Glauben; „er ist Gläubiger gewesen von Geburt, Erziehung und geheimem Instinkt des Herzens, vielleicht ohne Unterbrechung, wenn auch nicht ohne Sturm". Faguet zeichnet den Gang von Pascals Denken. Mit Montaigne überzeugt sich Pascal an tausend Beobachtungen von der Ohnmacht des Menschen, irgend eine Wahrheit zu finden, die so sei, um sich darauf zu stützen. Aber er findet keine Freude am Zweifel wie Montaigne, er schmerzt ihn. Montaigne schätzt die Menschen in ihrem Elend gering, Pascal bemitleidet sie. So führt ihn die Liebe zum Glauben. Er reconstruirt das ganze Gebäude, das er niedergerissen hat. Worauf? Alle menschliche Gewissheit ist bis auf den Grund zerstört! Darauf nicht, sondern auf die göttliche Gewissheit. Man muss sich der Offenbarung von oben anvertrauen. „Seid Christen, hört Gott!" Die menschliche Vernunft ist für sich allein schwach, aber es ist

---

[17]) „Er eröffnet sozusagen die Preisbewerbung unter allen menschlichen Doctrinen, das Problem unserer Bestimmung zu lösen, den Preis der besten Lösung versprechend. Aber diese Lösung hat er schon im Moment, da er nach ihr fragt; sein Antrag ist nur eine Herausforderung". In der jansenistischen Theologie hat er die Lösung gefunden. „Der natürliche Mensch, in dem das Werk der Gnade sich nicht vollzogen hat, ist so zur Finsterniss verurtheilt, dass er sich nicht einmal vergewissern kann, wo das Licht ist, noch ob die Religion, die es ihm darbietet, es in der That besitzt. Aber es giebt eine andere Hebelkraft: sobald die allmächtige Gnade gewirkt hat, ändert sich alles: ich sehe, ich weiss, ich glaube; wir sind Gottes und durch ihn alles übrigen gewiss."

[18]) Cf. Kurt Warmuth, Das religiös-ethische Ideal Pascals. Leipzig, Georg Wigand, 1901, p. 10.

[19]) Faguet, Dix-septième siècle, études littéraires, Paris 1894.

eine glückliche Schwachheit, da sie den Menschen zwingt, seine Zuflucht zur höchsten Vernunft zu nehmen.

Aehnlich Nourrisson[20]): „Pascal n'est pas un pur spéculatif qui s'evertue en des recherches savantes. C'est un croyant qui se tourne avec amour après l'avoir découvert vers le Christ, dont il fait sans doute un Christ aux bras étroits, mais qui enfin à ses regards consolés apparaît comme un Christ libérateur. Ne cherchez donc point dans les Pensées de système curieux sur l'homme, sur sa nature, sur sa destinée. Mais à chaque ligne, c'est l'homme lui-même que les Pensées nous présentent, mélange extraordinaire de grandeur et de bassesse, ni ange ni bête, tour à tour chétif ver de terre et roi dépossédé. En un mot, la philosophie de Pascal est une philosophie vivante qui saisit à la gorge les plus frivoles ou les plus braves, mais qui ne les trouble que pour les assagir."

Jetter[21]) erklärt die Widersprüche in Pascals Ansicht über die Möglichkeit und Wahrheit des menschlichen Erkennens aus Pascals mathematischem und jansenistischem Standpunkte. Als Mathematiker bejaht er die Möglichkeit und Wahrheit des menschlichen Erkennens, als Theolog verneint er sie. Als Jansenist bemüht er sich, den Menschen in intellectueller und ethischer Beziehung möglichst herabzudrücken zu Gunsten der Gnade. Das Interesse, das ihn in den Pensées leitet, ist ausschliesslich ein religiöses, kein philosophisches.

Dreydorff[22]) ist der Meinung, dass Pascal über das Verhältniss von Glauben und Wissen zu verschiedenen Zeiten verschieden gedacht habe.

Interessant ist, wie Ferdinand Lotheissen[23]) Pascal beurtheilt. Er rühmt dessen geistige Unabhängigkeit. „Ein freier, stolzer Geist lebte in ihm, so sehr er sich auch bemühte, ihn in Fesseln zu schlagen. Aber tiefer und tiefer versank er in die unselige, krankhafte Stimmung, die ihn dazu brachte, gegen sich zu wüthen. Er

---

20) a. a. O.

21) a. a. O.

22) Dreydorff, Pascals Gedanken über die Religion, Leipzig 1875.

23) Ferdinand Lotheissen, Gesch. der französischen Literatur im 17. Jahrh. 3. Bd., Wien 1883.

gehörte offenbar zu dem Geschlecht der energischen Männer, denen der Boden zu einer grossen Thätigkeit fehlt, die sich darum in sich selbst verzehren, sich in gewagten, selbst gewaltthätigen Theorien verlieren und rastlos in ihrem Geiste umgetrieben werden. Hätte Pascal in den ersten Jahrhunderten des Christenthums gelebt, sein Fanatismus hätte ihn als Einsiedler in die Wüste geführt; er hätte in fremden Zungen geredet und wäre dem erschreckten Volke als ein Heiliger erschienen. Aber ebenso hätte ihn, wenn er im Jahrhundert der Aufklärung erschienen wäre, sein scharfer Geist, sein Schwung, seine ätzende Logik vielleicht in die Reihe der entschiedensten Revolutionäre neben Rousseau geführt. Das 17. Jahrhundert bot ihm am wenigsten Spielraum. Wir können nur bedauern, dass er seine seltene geistige Kraft nicht der Erforschung der Naturgesetze zugewandt hat, wie er in seiner Jugend so erfolgreich begonnen. Dann besässe Frankreich wahrscheinlich in ihm einen Mann, den es neben Newton stellen könnte.“ In den Pensées lobt Lotheissen besonders Pascals Schilderung des Menschen und seiner Natur. „Pascal zeigt sich darin als einen unübertroffenen Kenner der menschlichen Natur, deren Tiefen er ergründet hat. Von dichterischer Kraft erfüllt, ragt er stellenweise an Dante heran und grübelt gleich Hamlet über dem Geheimniss alles Seins.“

L. Petit de Julleville[24]) polemisirt gegen die Behauptung, Pascal sei Skeptiker auf religiösem Gebiet gewesen; sein ganzes Leben, alle seine Worte, endlich sein Tod protestiren dagegen. „Cet homme-là était le contraire d'un sceptique ou même d'un chrétien hanté par le doute. » C'est un enfant, disait avec raison le P. Beurier, son curé, il est humble et soumis comme un enfant! « Si Pascal est sceptique, c'est à la façon de Descartes, l'inventeur du doute provisoire, et s'il a osé se servir d'une arme aussi dangereuse, c'est précisément parce que ce grand croyant ne craignait pas de se blesser en la maniant pour exterminer ses ennemis. Faire de Pascal une sorte de René, de Werther ou

---

[24]) Histoire de la langue et de la littérature française des origines à 1900 Armand Colin, Paris 1897, Tome IV, p. 560ff.

d'Oberland, c'est vouloir ne rien comprendre ni à sa vie ni à ses œuvres." Schön sind die Worte, in denen er den literarischen Werth der Pensées charakterisirt: „Il y a dans les Pensées une poésie vraiment sublime. La contemplation de ces espaces infinis, le parallèle du ciron et du firmament tout entier, la définition de l'homme, ce roseau pensant qui n'est ni ange ni bête, décèlent un poète de génie et nous ravissent d'admiration."

Auch Victor Giraud[25]) verneint die Frage, ob Pascal Skeptiker gewesen. Er sagt: Pascal n'est pas un sceptique, puisqu'il croit à la puissance (au moins relative) de la raison pour préparer les voies à la grâce; il ne faut même pas dire que, si Pascal n'était pas chrétien, il serait sceptique: car il était trop épris de certitude pour que, une foi positive lui manquant, il ne la remplaçât pas par une autre.

Joseph Bertrand[26]) giebt in der Einleitung eine Reihe interessanter Urtheile über Pascal von Lenain de Tillemont, Fontaine, Madame de Sévigné, Boileau, Racine, Voltaire, De Chateaubriand, Lamennais etc. und sagt: Les esprits délicats admirent en Pascal l'écrivain le plus parfait du plus grand siècle de la langue française. Les savants honorent son génie; les plus fervents chrétiens se disent fortifiés par sa foi, et les incrédules, sans ignorer qu'ils lui font horreur, voient dans l'adversaire triomphant des jésuites un précieux allié qu'ils ménagent. Pascal est grand dignitaire dans le monde des esprits; on serait tenté de l'appeler Monseigneur. On se compromet moins en méconnaissant La Fontaine ou Molière qu'en parlant légèrement de Pascal. Une faiblesse ou un tort de Pascal, quand l'évidence contraint à les avouer, doivent prouver seulement l'imperfection de la nature humaine. Auf die Frage, ob Pascal ein Skeptiker gewesen, antwortet Bertrand: Nein. Ueber die Einwürfe des Skepticismus triumphirt Pascal in Kraft des Glaubens.

---

25) Victor Giraud, Pascal, l'homme, l'œuvre, l'influence, Fribourg 1898 p. 120.

26) Joseph Bertrand, Blaise Pascal, Paris, Calmann Lévy 1891.

Émile Boutroux[27]) zieht in gedrängter, aber meisterhafter Form die Summe der Forschung über Pascal, giebt eine scharfsinnige Analyse der Pensées und lässt uns einen tiefen Blick in die Eigenthümlichkeit dieses Genies thun. Die Beziehungen von Vernunft und Glauben bei Pascal hat Boutroux in einer Vorlesung[28]) im Sommersemester 1898 eingehend behandelt. Ein Student hat sie nachgeschrieben. Boutroux war so liebenswürdig, sie mir zu übersenden. Er sagt darin etwa folgendes: Die Vernunft, eingeschlossen in die Welt der sinnlichen Dinge, ist unfähig, übernatürliche und religiöse Dinge zu begreifen und zu beweisen; sie verwickelt sich auf diesem Gebiet in unlösliche Widersprüche. Der Mensch muss sich also der Religion anvertrauen, der Macht, die über der Vernunft steht, und muss blindlings (les yeux fermés) glauben. Das ist die classische Interpretation Pascals. Dagegen sagen andere: Pascal unterscheidet nur zwischen dem rechten und falschen Gebrauch der Vernunft, er hat nichts gegen die recht gebrauchte Vernunft. Boutroux meint nun: es handelt sich bei Pascal nicht um das Verhältniss zwischen Vernunft und Glauben. Er beobachtet, was in einem Menschen vorgeht, der sich bekehrt hat und sich auf dem Wege der Gnade befindet. Drei Phasen lassen sich da unterscheiden.

1. Der Gebildete des 17. Jahrhunderts steht dem Christentum mit seinen Wundern feindlich gegenüber, es ist ihm ein Greuel. Die Vernunft begreift indess nichts vom Uebersinnlichen, sie ist nicht fähig, die Probleme zu lösen, welche unser Seelenheil betreffen, sie ist nur ein Werkzeug, Schlüsse zu ziehen ohne Rücksicht auf den Inhalt der Prämissen. Die christliche Religion ist aber wenigstens eine mögliche Hypothese.

2. Neben den Sinnen und der Vernunft besitzt der Mensch noch das Herz. Unsre Liebe ist indess egoistisch und macht sich selbst zum Mittelpunkt von allem. Unser Herz muss nun auf diese Eigenliebe verzichten und Gott zum Mittelpunkt des Ganzen machen.

---

[27]) Émile Boutroux, Pascal, Paris, Hachette 1900.

[28]) Revue des cours et conférences, 7 Juillet 1898 Paris, société française d'imprimerie et de librairie.

3. Wenn dann die Gnade Gottes in uns wirkt und uns zu ihm zieht, so scheint es uns, als ob der Wandel von uns bewirkt werde. Aber die Umkehr ist schon das Werk der Gnade Gottes. Die Demut ist das Zeichen der göttlichen Inspiration. So zurückgeführt zu seinem ersten Zustand der Unschuld, wird das Herz fähig, die religiöse Wahrheit zu erkennen. Der Glaube ist eine Mittelstufe zwischen der Blindheit der Sinne und dem Schauen der Seligen.

Das sind die drei Phasen, durch welche der Mensch zu Gott emporsteigt. Der Glaube ist nach Pascal eine Bewegung des Herzens, die durch Gott bewirkt wird, und aus der eine fortschreitende, aber nie vollkommene Erkenntniss Gottes resultirt. — Die Lehre Pascals über Glauben und Vernunft lässt sich auf zwei Thesen zurückführen:

1. Die Vernunft genügt sich nicht, sie ist nicht autonom. Es giebt etwas Höheres, dem sie sich unterordnen muss; sie ist nicht der Massstab der Wahrheit.

2. Was Pascal über die Vernunft stellt, ist die Liebe, die Liebe zu Gott, als ein Gnadengeschenk. Es ist das Uebernatürliche, das christlich Uebernatürliche. Der Mensch verleugne sich selbst und ergebe sich Gott. Die Liebe zu Gott ist eine Pflicht, da der Gegenstand unserer Liebe gross, schön und liebenswerth ist. In dieser Liebe müssen alle einig sein, das ist die ethische Einheit (unité morale). Es genügt nicht, die Menschen zu lehren, dass sie die Interessen des Nächsten schonen, sondern alle Schranken zwischen den Menschen müssen beseitigt werden, und alle müssen in der Verehrung des Wahren, Guten und Schönen eins sein.

Bezeichnend ist, was Nietzsche[29]) von Pascals Glauben sagt: „Pascals Glaube sieht auf schreckliche Weise einem dauernden Selbstmorde der Vernunft ähnlich, einer zähen, langlebigen, wurmhaften Vernunft, die nicht mit einem Streiche totzumachen ist.“

[29]) Friedrich Nietzsche, Jenseits von Gut und Böse. Zur Genealogie der Moral. Leipzig, Naumann 1899. p. 70 cf. p. 69: „Um zu erraten und festzustellen, was für eine Geschichte bisher das Problem von Wissen und Gewissen in der Seele der homines religiosi gehabt hat, dazu müsste einer vielleicht selbst so tief, so verwundet, so ungeheuer sein, wie es das intellectuelle Gewissen Pascals war.“

Isaac Taylor[30]) vergleicht in der Einleitung zu seiner Uebersetzung der Pensées Pascal mit La Rochefoucauld, beide nennt er „Anatomiker des menschlichen Herzens". Während La Rochefoucauld kalt und theilnahmlos die Verderbtheit des Menschengeschlechts feststellt und an seine Besserung nicht glaubt, schaut es Pascal erschüttert und voll Mitleid an und hofft in athemloser Erwartung auf die Stunde, wo es sich in der Kraft des heiligen Geistes erneuern wird.

Eine warme Würdigung lässt Raoul Richter[31]) Pascal, dem Moralphilosophen, zu Theil werden. Pascal hat es wie kein anderer verstanden, aus dem gefälligen Hinleben in der laxen und bequemen Jesuitenmoral den Menschen aufzurütteln, ihm den furchtbaren Ernst und die ganze Schwierigkeit ethischer Konflikte vor Augen zu stellen und die Stunden der Einsamtkeit, die alle fliehen, nicht zu Stunden der Langenweile, sondern der Selbstbesinnung und damit der Gewissensvertiefung und ethischen Selbstdisciplin zu machen. So wollen die Pensées zunächst auch mehr aus praktischem Bedürfnisse als aus wissenschaftlichem Interesse in die Hand genommen sein. Der Bischof d'Aulonne, zum Druck der ersten Ausgabe der Pensées um sein Gutachten befragt, schrieb in dem Sinne: dass ein einziger dieser Gedanken genüge, um die Seele eines Menschen einen ganzen Tag zu nähren, wenn er ihn zu diesem Zwecke lese: so erfüllt seien sie alle von Wärme und Glanz. Seine Lehre hat Pascal durch sein Leben besiegelt. Wie Sokrates und Spinoza gehört er zu den Männern, bei denen man Theorie und Praxis völlig im Einklang finden wird. So steht er als Mensch und Denker da als einer, an dem die Goethesche Bitte in Erfüllung gegangen: „Grosse Gedanken und ein reines Herz, das ist's, was wir uns von Gott erbitten sollten."

Auch eines deutschen Theologen sei gedacht, dem ich die Liebe zu Pascal verdanke: Chr. Ernst Luthardt.[32]) In seinen

---

[30]) Isaac Taylor, Thoughts on Religion and Philosophy by Bl. Pascal, London, 1894.

[31]) Archiv für Gesch. der Philosophie, 12 p. 68ff.

[32]) Luthardt, Apologet. Vorträge über die Grundwahrheiten des Christenthums, Leipzig, Dörffling u. Franke 1883.

Schriften und Vorlesungen erwähnte er oft Pascal. Und wenn ich in seinem schönen Park in Leipzig mit ihm spazieren gehen durfte und die Rede auf Pascal kam, leuchteten seine Augen in heiliger Begeisterung.

Dass das Interesse für Pascal gegenwärtig in Frankreich ein actuelles ist, beweist die stets wachsende Zahl der Ausgaben, Studien und Vorlesungen, die Pascal behandeln. Victor Giraud sagt in seinen ausgezeichneten Vorlesungsskizzen über Pascal,[33]) dass in den letzten Jahren nicht weniger als sechs Ausgaben der Pensées erschienen sind: von Didiot (Paris, Desclée et Brouwer), Guthlin (Paris, Lethielleux), Michaut (Fribourg, Collectanea Friburgensia) 1896, Faugère (2e édition, Paris, Leroux), Brunschvicg (Paris, Hachette), Margival (Paris, Poussielgue) 1897.

Eine stattliche Reihe von Abhandlungen beschäftigt sich mit Pascal. Ausser den Einleitungen zu den eben genannten Ausgaben sind folgende Studien zu nennen: P. Bourget: Pascal (Etudes et portraits, Lemerre 1879); Droz: Essai sur le scepticisme de Pascal (Alcan, 1886); Scherer: La religion de Pascal (Etudes litt. cont. T. IX, 1887. C. Lévy); Ravaisson: La philosophie de Pascal (Revue des Deux-Mondes, 15 mars 1887); Brunetière: Etudes critiques, T. I, III, IV, (art. de 1879, 1885, 1889, 1890, Hachette); C. Adam: Etudes diverses sur Pascal (1887, 1888, 1891; cf. die Bibliographie der Ausgabe von Michaut); Rauh: La philosophie de Pascal (Ann. de la Fac. de Bordeaux, 1891); Sully Prudhomme: folgende Artikel in der Revue des Deux-Mondes 15. Juli, 15. October, 15. November 1890 und in der Revue de Paris vom 1. Sept. 1894; Lanson: Pascal (Hist. de la litt. française, Hachette, 1894); Gazier: Pascal et les écrivains de Port-Royal (Historie de la langue et de la litt. française. A. Collin 1897).

Vorlesungen über Pascal hielten: E. Boutroux 1897 und 1898 an der Sorbonne; sie sind in der Revue des cours et conférences 1898 erschienen; Lanson an der Ecole Normale; Nourrisson am Collège de France (la métaphysique de Pascal); A. Betrand an der

---

[33]) Pascal, Fribourg 1898 p. 7 ff.

Universität zu Lyon; Victor Giraud an der Universität Fribourg im Sommersemester 1898.

Wie stark das Geistesleben in Frankreich jetzt von Pascal beherrscht ist, beweisen endlich verschiedene Zeugnisse bedeutender Gelehrter über ihn. Der jüngst preisgekrönte Dichter Sully Prudhomme[34]) sagt: « Ce qu'il nous importait surtout de reconnaître, c'était la relation proche ou lointaine des idées de Pascal avec les idées modernes et celles que nous avions pu nous former nous-mêmes sur les questions capitales remuées si puissamment par lui ».

Ein Historiker, G. Monod,[35]) rühmt: « Les ouvrages de Vinet ont été, avec les Pensées de Pascal, les livres qui ont le plus influé sur ma vie morale. » Ein Theolog, A. Sabatier,[36]) bekennt: « Le premier livre qui passionna ma jeunesse, ce fut le livre des Pensées, sans nul doute parce qu'il me faisait assister, dans l'âme de Pascal, en la traduisant en paroles de flamme, à cette lutte entre la raison et la foi, entre la conscience et la science dont je commençais moi-même à souffrir. »

Vorbemerkung.

Anthropologie und Psychologie Pascals.

a) Anthropologie.

In seinen anthropologischen Anschauungen ist Pascal von Descartes beeinflusst. Wie dieser sieht er das Wesen des Menschen im Denken. Wie dieser scheidet er scharf Geister- und Körperwelt: Denken und Ausdehnung stehen sich als zwei einander ausschliessende Substanzen verbindungslos gegenüber.

Der Mensch[37]) besteht aus zwei Substanzen verschiedener, ent-

[34]) Revue des Deux Mondes, 15 oct. 1890 p. 760.

[35]) Portraits et Souvenirs, Paris 1897, p. VI.

[36]) Esquisse d'une philosophie de la religion, Paris 1897 p. 4.

[37]) II 73. Nous sommes composés de deux natures opposées et de divers genres: d'âme et de corps. Car il est impossible que la partie qui raisonne en nous soit autre que spirituelle; et quand on prétendrait que nous serions simplement corporels, cela nous exclurait bien davantage de la connaissance des choses, n'y ayant rien de si inconcevable que de dire que la matière se connaît soi-même.

gegengesetzter Art: aus Leib und Seele oder Geist; Seele und Geist sind bei Pascal identisch.

Das Wesen der Seele ist das Denken. Im Denken besteht die Grösse und Würde des Menschen.[38]) Der Gedanke erhebt ihn über den Raum.[39]) Der Gedanke ist etwas seiner Natur nach Unvergleichliches.[40])

Aber man muss dem Denken die rechte Richtung geben, man muss gut denken: Das richtige Denken ist Princip der Moral.[41])

Den Menschen nach seiner psychisch-physischen Natur nennt Pascal einen Automaten,[42]) eine Maschine.[43]) Die denkende Seele erst constituirt das Wesen des Menschen.[44])

Zwischen Körper- und Geisterwelt giebt es keine Verbindung; getrennt stehen sie sich gegenüber.

---

[38]) II 83. La pensée fait la grandeur de l'homme. II 85. Toute la dignité de l'homme est en la pensée. I 105: L'homme est né pour penser.

[39]) II 84. Ce n'est point de l'espace que je dois chercher ma dignité, mais c'est du réglement de ma pensée. Je n'aurai pas davantage en possédant des terres. Par l'espace l'univers me comprend et m'engloutit comme un point; par la pensée je le comprends.

L'homme n'est qu'un roseau le plus faible de la nature, mais c'est un roseau pensant. Quand l'univers l'écraserait, l'homme serait encore plus noble que ce qui le tue parce qu'il sait qu'il meurt.

[40]) II 85. La pensée est donc une chose admirable et incomparable par sa nature.

[41]) II 84. Toute notre dignité consiste en la pensée ... Travaillons donc à bien penser: voilà le principe de la morale.

L'homme est visiblement fait pour penser; c'est toute sa dignité et tout son mérite, et tout son devoir est de penser comme il faut: or l'ordre de la pensée est de commencer par soi et son auteur et sa fin.

[42]) II 174, 175.

[43]) I 182. Pascal kennt auch auf psychischem Gebiet Vorgänge, die maschinenmässig und automatisch eintreten, d. h. völlig unwillkürlich, wie die Associationen etc. Descartes dagegen bezeichnet nur den Körper als Maschine oder Automaten. Wir sehen, Pascal dehnt die Anwendung dieses Begriffs aus.

[44]) II 85. Je puis bien concevoir un homme sans mains, pieds, tête, car ce n'est que l'expérience qui nous apprend que la tête est plus nécessaire que les pieds; mais je ne puis concevoir l'homme sans pensée: ce serait une pierre ou une brute. C'est donc la pensée qui fait l'être de l'homme, et sans quoi on ne peut le concevoir. Qu'est-ce qui sent du plaisir en nous? Est-ce la main? est-ce le bras? est-ce la chair? est-ce le sang? On verra qu'il faut que ce soit quelque chose d'immatériel.

b) Psychologie.

Die zwei Hauptvermögen der Seele sind nach Pascal Verstand und Wille oder Geist und Herz[45]); entendement, esprit, raison braucht Pascal synonym, volonté, cœur, instinct und sentiment bezeichnen zwar nicht Identisches, wohl aber Zusammengehöriges und fassen die dem Verstand gegenüberstehende Potenz des geistigen Lebens von verschiedenen Seiten auf.

Raison bedeutet Verstand und Vernunft zugleich; Pascal scheint damit vorzugsweise die Thätigkeit des Verstandes zu meinen.

Die Functionen des Herzens sind nach ihm mannigfach. Es ist Organ des Willens; in „der Kunst zu überreden" will er es mit seinen Launen und Neigungen vom Wissen ausgeschlossen sehen. Sodann bedeutet es das unmittelbare Gefühl, so besonders in den Pensées: durch das Herz erkennen wir die ersten Principien.[46]) Hier leistet das Herz dasselbe, was das natürliche Licht[47]) im „L'esprit géométrique". Gemeint ist die Gewissheit des unmittelbaren Gefühls im Gegensatz zu der durch den Verstand vermittelten; die erstere zieht er übrigens der letzteren vor.

---

[45]) I 155.

[46]) II 108. Nous connaissons la vérité non-seulement par la raison, mais encore par le cœur; c'est de cette dernière sorte que nous connaissons les premiers principes, et c'est en vain que le raisonnement qui n'y a point de part, essaye de les combattre. Les pyrrhoniens, qui n'ont que cela pour objet, y travaillent inutilement. Nous savons que nous ne rêvons point, quelque impuissance où nous soyons de le prouver par raison; cette impuissance ne conclut autre chose que la faiblesse de notre raison, mais non pas l'incertitude de toutes nos connaissances, comme ils le prétendent. Car la connaissance des premiers principes, comme qu'il y a espace, temps, mouvement, nombres, est aussi ferme qu'aucune de celles que nos raisonnements nous donnent. Et c'est sur ces connaissances du cœur et de l'instinct qu'il faut que la raison s'appuie, et qu'elle y fonde tout son discours.

[47]) In dem Maasse als Pascal an der Möglichkeit des Ideals einer durchaus demonstrativen Wissenschaft verzweifelt, weil er meint, alles müsse demonstriert werden können, recurirt er auf das Herz, d. h. auf das unmittelbare Gefühl, durch welches die Principien uns gewiss sind, obgleich wir sie mit dem Verstande nicht als nothwendig einsehen können. Insofern ersetzt in der Begründung der Gewissheit das Herz bei Pascal das natürliche Licht des Cartesius.

Wenn er so dem Herzen das eine Mal Erkenntniss abspricht, das andere Mal zuertheilt, kann man sich dies nur daraus erklären, dass er das gleiche Wort in verschiedener Bedeutung braucht. Endlich ist das Herz Aufnahmeorgan für die religiöse Wahrheit: « C'est le cœur qui sent Dieu, et non la raison; voilà ce que c'est que la foi: Dieu sensible au cœur, non à la raison[48]). »

Verstand und Gefühl, jedes hat sein eigenthümliches Verfahren: « La raison agit avec lenteur, et avec tant de vues sur tant de principes lesquels il faut qu'ils soient toujours présents, qu'à toute heure elle s'assoupit et s'égare, manque d'avoir tous ses principes présents. Le sentiment n'agit pas ainsi; il agit en un instant, et toujours est prêt à agir.[49])»

Pascal unterscheidet zwei Arten von Menschen: die einen urtheilen nach dem Gefühl, es sind die feinen Geister; die anderen nach dem Verstand, es sind die Mathematiker. In der Différence entre l'esprit de géométrie et l'esprit de finesse[50]) skizzirt er die verschiedene Wirkungsweise beider. Der feine Geist hat gute Augen, er sieht die Sache auf einmal, er fühlt mit einem sehr zarten, klaren Sinne die zarten, zahlreichen Principien, ohne dass er sie in der Ordnung der Geometrie beweisen könnte; er ist gewöhnt, nach einem einzigen Blick zu urtheilen. Der mathematische Geist schliesst erst, nachdem er die Principien gut gesehen und gehandhabt hat. Selten ist ein feiner Geist zugleich ein mathematischer und umgekehrt.

Geist und Herz — jedes hat seine eigene Methode. Die des Geistes besteht in Principien und Beweisen, die des Herzens darin, dass man bei jedem Punkte, der sich auf das Ziel bezieht, abschweift, um stets auf dasselbe hinzuweisen. Christus, Paulus, Augustin haben diese Methode befolgt. Ebenso Pascal in seinen Pensées.[51])

---

[48]) II 172. [49]) II 176. [50]) I 149. [51]) II 265.

A.
Pascal, der Mathematiker.

Als Mathematiker behauptet Pascal die Möglichkeit des Wissens auf Grund des natürlichen Lichts und der mathematischen Methode. Letztere leistet der Kunst zu überreden wichtige Dienste.

In heller Freude an der Wissenschaft vertritt er das Recht des Verstandes und des Experiments gegen die Autorität; er theilt die Wissenschaften in historische und dogmatische; dort hat die Autorität, hier der Verstand sein Gebiet.

Aber bereits im Mathematiker kündet sich der Theolog an: Pascal kennt eine ethische Wirkung der Mathematik, die er höher schätzt als diese Wissenschaft selbst.

Streng sondert er schon als Mathematiker das Reich des Glaubens und das der Vernunft, u. z. ordnet er das erstere dem letzteren über. Die Principien der Theologie sind über Natur und Vernunft erhaben. Bei den göttlichen Wahrheiten gilt eine übernatürliche Ordnung. Ist diese Anschauung vielleicht durch seine Erziehung veranlasst? Nach dem Zeugnisse der Schwester Gilberte Perier hatte ein streng religiös gesinnter Vater bereits dem Knaben die Maxime gegeben, dass in Sachen des Glaubens die Vernunft nicht mitzusprechen habe.[52]) Dass Pascal aber in seinen mathematischen Schriften überhaupt auf den Glauben zu sprechen kommt, zeigt seine von Haus aus gläubige Seele, die schon in der Periode seines geistigen Lebens, wo die Mathematik im Vordergrunde seines Interesses stand, mit den Fragen der Religion und des Glaubens sich innerlich beschäftigt hat.

I. Wissen.

1. Möglichkeit des menschlichen Wissens mit Hülfe der mathematischen Methode und des natürlichen Lichts.[53])

Nur was bewiesen ist, verdient unsere Zustimmung [54])

---

[52]) Sie sagt in ihrer Biographie: « Mon père qui ayant lui-même un très grand respect pour la religion, le lui avait inspiré dès l'enfance, lui donnant pour maxime que tout ce qui est l'objet de la foi ne le saurait être de la raison et beaucoup moins y être soumis ».

[53]) I 123. De l'esprit géométrique, 1655?

[54]) I 155. On ne devrait jamais consentir qu'aux vérités démontrées.

Wer liefert uns vollkommene Beweise? Allein die Methode der Geometrie oder die mathematische Methode.[55])

Allerdings giebt es eine noch höhere, vollendetere Methode; sie besteht in einem Doppelten: erstens alle Ausdrücke sind zu definieren, zweitens alle Sätze sind zu beweisen. Diese wahre Methode, welche Beweise in höchster Vollkommenheit führen würde, ist aber praktisch unausführbar; was über die Geometrie hinausgeht, das übersteigt unsre Kräfte[56]); denn es ist klar, dass die ersten Ausdrücke, welche man definieren wollte, schon frühere, zu ihrer Erklärung dienliche voraussetzen würden, und dass ebenso die ersten Sätze, welche bewiesen werden sollten, andere vorangehende voraussetzten, und so würde man nie zu den ersten gelangen. Man kommt, je weiter man die Untersuchung treibt, auf gewisse ursprüngliche Wörter, welche man nicht mehr definieren kann, und auf so klare Principien, dass man keine anderen findet, die noch klarer wären, um jene zu beweisen. Hiernach scheint es, dass die Menschen in einer natürlichen, unabänderlichen Unmacht sind, irgend eine Wissenschaft in schlechthin vollendeter Ordnung zu behandeln. Aber daraus folgt nicht, dass man jede Ordnung aufgeben soll. Denn es giebt eine solche, die der Geometrie, welche unter der Wahrheit steht, sofern sie weniger überzeugend, aber nicht sofern sie weniger gewiss ist. Sie definiert nicht alles und beweist nicht alles; hierin ist sie jener untergeordnet; aber sie setzt nur klare und durch das natürliche Licht[57]) gewisse Dinge voraus;

---

[55]) Dreydorff: „Pascal gebraucht Geometrie öfter als gleichbedeutend mit Mathematik."

[56]) I 124. Ce qui passe la géométrie nous surpasse.

[57]) Das natürliche Licht ist bei Cartesius eine intellectuelle Anlage, vermöge deren die obersten Axiome dem Verstand unmittelbar einleuchtend und gewiss sind; auch oberste Grundsätze auf practischem Gebiet werden darauf zurückgeführt. Nach Klöpel „Das lumen naturale bei Descartes" (Dissertation, Leipzig 1896) ist lumen naturale bei Cartesius:

A: der natürliche Verstand im Gegensatz zum lumen supernaturale fidei.

B: a) Verstandesthätigkeit im Gegensatz zu den Sinnen;
b) gesunder Menschenverstand, der nichts weiss von bewusster Anwendung logischer Gesetze;
c) in gewissem Gegensatz zu deductio, conclusio, accurata demon stratio.

darum ist sie vollkommen wahr, indem die Natur sie stützt, wenn es an der Rede fehlt. Diese vollkommenste Methode, die der Mensch erreichen kann, definiert alles ausser dem Klaren, von jedermann Angenommenen und beweist alles ausser dem allgemein Bekannten.

Solche Begriffe, welche die Geometrie nicht definiert, sind Zeit, Raum, Bewegung, Zahl, Gleichheit und viele ähnliche, weil diese Ausdrücke für jeden, der die Sprache versteht, die Sache, welche sie bedeuten, so natürlich bezeichnen, dass jede nähere Erklärung sie eher dunkler machen als aufhellen würde. Man kann z. B. keine Definition des „Seins" geben; denn man kann kein Wort definieren, ohne anzufangen: „es ist". Um also das Sein zu definieren, müsste man sagen: „es ist" und so das zu Definierende in der Definition anwenden. Hieraus ist klar, das es Worte giebt, welche unmöglich definiert werden können; und wenn die Natur diesem Mangel nicht durch die Gleichheit der Vorstellung, welche sie allen Menschen gab, abgeholfen hätte, so wären alle unsere Ausdrücke verwirrt; während man so sie mit derselben Zuversicht und Gewissheit verwendet, als ob sie ganz unzweideutig wären, weil die Natur selbst ohne Worte uns eine bestimmtere Einsicht davon gegeben hat als diejenige, welche die Kunst durch unsere Erklärungen uns verschafft.

Wir sehen, nach Pascal beruht alles Wissen im letzten Grunde auf einem Gegebenen, alle Wissenschaft — die Mathematik ist ihm die Wissenschaft schlechthin! — auf undefinirbaren Begriffen und undefinirbaren Axiomen. Ueber diese giebt das natürliche Licht Aufschluss. Sie bilden gleichsam den festen Grund, auf welchem der Mensch mit Hülfe der mathematischen Methode das Gebäude des Wissens errichten kann.

2. Die Kunst zu überreden.

Auf zwei Wegen dringen Ueberzeugungen in die Seele: durch den Verstand und den Willen[58]). Der natürlichste Weg ist der des

Im Gebiete der Geometrie schliesst sich Pascal dem cartesianischen Sprachgebrauche an: die mathematischen Axiome sind intuitiv gewiss im Gegensatz zu der demonstrativen Gewissheit.

[58]) I 155. De l'art de persuader, 1657 oder 58.

Verstandes, man sollte nie einer Wahrheit beipflichten, bevor sie nicht durch Beweise dargelegt ist; aber der gewöhnlichste Weg ist der des Willens, denn alle Menschen sind fast immer geneigt, nicht wegen der Beweiskraft, sondern aus Neigung sich für eine Ansicht zu bestimmen. Dieser Weg ist niedrig, unwürdig und ungehörig; auch verwirft ihn alle Welt: jeder behauptet, nur das zu glauben und selbst nur das zu lieben, von dem er weiss, dass es Glauben und Liebe verdiene.

Verstand und Wille haben jedes ihre Principien, der Verstand natürliche, allgemein anerkannte Wahrheiten — z. B. das Ganze ist grösser als seine Theile — und mehrere nicht allgemein anerkannte Axiome, die aber, einmal zugegeben, wenn auch falsch, ebenso gewaltig sind, den Glauben zu erwecken, als die wahrhaften. Die Principien des Willens sind gewisse natürliche, allen gemeinsame Wünsche — z. B. das Verlangen, glücklich zu sein — und besondere Neigungen, die, da sie uns gefallen, trotz ihrer Verderblichkeit stark genug sind, den Willen zum Handeln zu treiben.

Um nun eine Person zur Ueberzeugung zu bringen, muss man einerseits sie kennen, welche Grundsätze sie hat, welche Gegenstände sie liebt, anderseits die Berührungspunkte beachten, welche der Gegenstand, von dem man überzeugen will, mit anerkannten Principien oder Neigungen hat. Leicht kann man von den Dingen überzeugen, die man als in enger Beziehung entweder mit den Principien des Verstandes oder mit denen des Willens nachweisen kann; besonders leicht von den Gegenständen, die mit beiden Principien in Verbindung stehen. Was aber weder zu unseren Ueberzeugungen noch zu unseren Vergnügungen in irgend einem Verhältnisse steht, ist uns widerlich, scheint uns falsch und fremd. Bei Dingen, welche zwar auf anerkannten Wahrheiten beruhen, zugleich aber unseren liebsten Neigungen zuwiderlaufen, entsteht ein unentschiedenes Schwanken zwischen Wahrheit und Vergnügen, wobei zumeist das letztere siegt. „Diese gebieterische Seele, die sich rühmte, nur nach Vernunftgründen zu handeln, folgt in schimpflicher, blinder Wahl dem Verlangen eines verdorbenen Willens, so stark sich auch der aufgeklärteste Verstand dagegen sträuben mag.“

Solange daher die Menschen sich mehr durch die Neigung als durch den Verstand zu ihrem Handeln bestimmen lassen, besteht auch die Kunst zu überreden ebenso in der Kunst zu gefallen als in der zu überzeugen.

Die Kunst zu gefallen ist unvergleichlich schwieriger, feiner, nützlicher und bewundernswürdiger. Pascal will sie nicht behandeln, weil er sich nicht stark genug dazu fühlt. Der Grund dieser äussersten Schwierigkeit besteht darin, dass die Principien des Vergnügens nicht fest und sicher stehen; sie sind verschieden bei jedem Menschen, und bei jedem einzelnen mit so grosser Mannigfaltigkeit veränderlich, dass kein Mensch je von einem anderen so verschieden ist, als der Mensch von sich selbst in verschiedenen Zeiten. Mann und Frau, arm und reich, Fürst, Krieger, Kaufmann, Bürger, Bauer, Alte, Junge, Gesunde, Kranke — alle haben verschiedene Vergnügungen.

Pascal will die Kunst geben, welche die Verbindung nachweist, in der die Wahrheiten mit den Principien des Wahren oder des Vergnügens stehen. Er nennt sie: „Kunst zu überreden“. Sie besteht in zwei Momenten: alle Namen, die man anwendet, zu definiren; alles zu beweisen, indem man in Gedanken stets die Definition an die Stelle des Definirten setzt.

Wir sehen, die Kunst zu überreden kommt schliesslich auf die mathematische Methode hinaus, deren Pascal so gewiss ist, dass er sagt: „Die Methode, nicht zu irren, wird von aller Welt gesucht. Die Logiker behaupten, zu ihr zu führen, die Mathematiker allein gelangen zu ihr, und ausserhalb ihrer Wissenschaft und dessen, was sie nachahmt, giebt es keine wahrhaften Beweisführungen.“

3. Eintheilung der Wissenschaften. Das Gebiet des Verstandes.

In der Vorrede zur Abhandlung über das Leere,[59]) wo er besonders frisch und warm das Recht des Verstandes und des

[59]) I 91.

Experiments gegen die allzu grosse Achtung vertheidigt, die man in den der Erfahrung und den Sinnen unterworfenen Wissenschaften den Alten zollt, giebt er eine Eintheilung der Wissenschaften. Er scheidet genau das Gebiet der Autorität und das des Verstandes.

Er theilt die Wissenschaften erstens in historische: hier will man nur wissen, was dieser oder jener Schriftsteller gesagt hat, und zweitens in dogmatische: hier will man verborgene Wahrheiten entdecken. Zu ersteren rechnet er Geschichte, Geographie, Rechtswissenschaft, Sprachen und besonders die Theologie. Hier geben nur die Bücher Aufschluss. Hier ist die Autorität an ihrem Platz. Anders ist es mit den Wissenschaften, die den Sinnen anheimfallen. Hier hat der Verstand allein sein Recht. Hierher gehören Geometrie, Arithmetik, Musik, Naturlehre, Arzeneikunde, Baukunst und alle der Erfahrung und dem Denken unterworfenen Wissenschaften. Diese Gegenstände sind der Kraft des Geistes angemessen, sie sind sein Bereich, in dem er sich frei bewegen und fruchtbar erweisen kann in unaufhörlichen Entdeckungen. Hier ist ein steter Fortschritt, eine beständige Erweiterung und Vervollkommnung. Im Gegensatz zum Instinkt der Thiere, der sich immer gleich bleibt — die Bienen bildeten ihre Zellen vor tausend Jahren ebenso wie heut —, vermehren sich die Leistungen der Vernunft unaufhörlich. Die ganze Menschheit kann man ansehen als einen Menschen, der immer lebt und lernt. „Die wir die Alten nennen, waren in der That neu in allen Dingen und bildeten eigentlich das Kindesalter der Menschheit; und da wir zu ihren Kenntnissen die Erfahrungen der folgenden Jahrhunderte gefügt haben, so sind wir es, in welchen das Alterthum zu suchen ist, welches wir in jenen hochachten“.[60]) „Welche Macht auch das Alterthum bildet, die Wahrheit muss stets den Vorzug haben, auch wenn sie erst neu entdeckt ist, weil sie immer älter ist, als alle Meinungen, die man je über sie gehabt hat, und es würde ein Verkennen ihres Wesens sein, wenn man sich einbilden wollte, sie hätte erst da zu sein angefangen, da sie anfing, erkannt zu werden.“[61])

---

[60]) I 98. [61]) I 101.

4. Ethische Wirkung der Mathematik.[62])

Princip der Mathematik in ihren drei Gebieten: Mechanik, Arithmetik und Geometrie, ist der Begriff der doppelten Unendlichkeit, einer Unendlichkeit der Grösse und der Kleinheit. „Welche Bewegung, welche Zahl, welchen Raum, welche Zeit man annehme, es giebt stets ein Grösseres und ein Kleineres, so dass sie sich also alle zwischen dem Nichts und dem Unendlichen halten und stets von diesen Extremen unendlich weit entfernt sind".[63]) Wir können diese Unendlichkeit nicht beweisen, aber durch das natürliche Licht erkennen wir sie. „Die, welche diese Wahrheiten deutlich einsehen, können die Grösse und Macht der Natur bewundern in dieser doppelten Unendlichkeit und aus diesem wunderbaren Gedanken sich selbst kennen lernen als gestellt zwischen eine Unendlichkeit und ein Nichts von Ausdehnung, Bewegung und Zeit. Daraus kann man seinen Werth kennen lernen und Gedanken bilden, die mehr werth sind als die ganze übrige Mathematik." [64])

II. Glauben.

1. Die Principien der Theologie.

Die Principien der Theologie, die, wie wir oben sahen, nach Pascal eine historische Wissenschaft ist, sind über Natur und Vernunft erhaben. Der menschliche Geist, zu schwach, um durch eigene Kraft dahin zu gelangen, kann diese hohen Einsichten nur erreichen, wenn er durch eine allmächtige, übernatürliche Kraft zu ihnen erhoben wird. Die Vernunft hat hier nur zu schweigen und sich unterzuordnen der Autorität der heiligen Bücher, welche die Wahrheit enthalten. In der Vorrede zur Abhandlung über das Leere[65]) sagt Pascal: „Mais où cette autorité a la principale force, c'est dans la théologie, parce qu'elle y est inséparable de la vérité, et que nous ne la connaissons que par elle: de sorte que pour donner la certitude entière des matières les plus incompréhensibles

[62]) I 136ff. [63]) I 137. [64]) I 147. [65]) I 92.

à la raison, il suffit de les faire voir dans les livres sacrés; comme pour montrer l'incertitude des choses les plus vraisemblables, il faut seulement faire voir qu'elles n'y sont pas comprises; parce que ses principes sont au-dessus de la nature et de la raison, et que, l'esprit de l'homme étant trop faible pour y arriver par ses propres efforts, il ne peut parvenir à ces hautes intelligences, s'il n'y est porté par une force toute-puissante et surnaturelle.» In der Theologie gilt allein die Autorität der Schrift und der Väter. Hier neue Dinge einzuführen, ist nichts als thörichter Uebermuth.[66])

2. Die übernatürliche Ordnung.

Bei den göttlichen Dingen gilt eine andre Ordnung als bei den natürlichen; bei letzteren hat der Verstand, bei ersteren das Herz das erste Wort.[67])

Die göttlichen Wahrheiten sind über die Natur unendlich erhaben. Sie sind der Kunst zu überzeugen nicht zu unterwerfen. „Gott allein vermag sie in die Seele einzuflanzen, und zwar in der Weise, wie es ihm gefällt. Er hat gewollt, dass sie aus dem Herzen in den Verstand übergehen und nicht aus dem Verstande in das Herz, um dieses hochmüthige Vermögen des Verstandes zu demüthigen, das sich anmasst, über Dinge richten zu wollen, die der Wille wählt; und um diesen schwachen Willen zu heilen, der durch seine unreinen Begierden ganz verderbt ist. Daher kommt es, dass man, wenn man von menschlichen Dingen spricht, sagt: man muss sie kennen, um sie zu lieben, was zum Sprichwort geworden ist. Die Heiligen sagen dagegen, wenn sie von göttlichen Dingen reden: man muss sie lieben, um sie zu erkennen, und man dringe zur Wahrheit nur durch die Liebe".[68]) Diese Ordnung ist ganz entgegengesetzt der Ordnung, die bei natürlichen Dingen den Menschen recht sein sollte. Dennoch haben sie dieselbe verkehrt: sie thun bei den menschlichen Dingen, was sie bei den

---

[66]) I 94. Il faut confondre l'insolence de ces téméraires qui produisent des nouveautés en théologie. Les inventions nouvelles sont infailliblement des erreurs dans les matières théologiques.

[67]) I 155ff.

[68]) I 156. On n'entre dans la vérité que par la charité.

göttlichen thun sollten; wir glauben wirklich fast nur, was uns gefällt. Daher der Widerwille gegen die Wahrheit der christlichen Religion, die unseren Freuden ganz entgegengesetzt ist. Um diese Unordnung durch eine Ordnung zu strafen, theilt Gott sein Licht den Seelen nicht eher mit, als bis er die Auflehnung des Willens mit einer himmlischen Sanftmuth gedämpft hat, die ihn entzückt und fortreisst.

Wir sehen, nach Pascal heisst es bei den natürlichen Dingen: „Aus dem Kopf ins Herz!" bei den göttlichen dagegen: „Aus dem Herzen oder durch den Willen in den Kopf!"

Diese Anschauung finden wir in der „Kunst zu überreden." Diese Schrift fällt allerdings in die letzte Zeit seines Lebens. Faugère datirt sie 1657 oder 58. Dreydorff bemerkt darin ein starkes Zurücktreten des rein philosophischen Interesses. Schon die Fragestellung, wie man die Menschen überreden könne, verrate den Apologeten, den Theologen. Nach ihm fällt diese Abhandlung in die Zeit der Gemeinschaft Pascals mit Port-Royal, näher in die Zeit seines Schwankens zwischen Montaigne und Port-Royal. Dass aber Pascal bereits früher in heiligen Dingen das Herz obenan gestellt hat, entnehmen wir den Worten seiner Schwester: « Il (Pascal) disait que l'Écriture sainte n'était pas une science de l'esprit, mais une science du cœur, qui n'était intelligible que pour ceux qui ont le cœur droit et que tous les autres n'y trouvent que de l'obscurité. »[69])

B.

Pascal, der Jansenist.

Von den abstrakten Wissenschaften, die seiner Feuerseele nicht Genüge thun, wendet sich Pascal zum Studium des Menschen.

Die erste Anregung zu eingehenderer Beschäftigung damit mag ihm die Lectüre der jansenistischen Schriften im Jahre 1647 gegeben haben, wenn er auch schon früher ab und an über dieses

[69]) I 370.

Problem nachgedacht haben wird. Soviel ist gewiss, von jetzt ab lässt ihm dieses Räthsel aller Räthsel keine Ruhe mehr. Die jansenistische Lösung desselben hat einen gewaltigen Eindruck auf ihn gemacht. Aber er fragt auch die Philosophen: Epiktet und Montaigne.[70]) Ihre Antworten befriedigen ihn nicht; ihre Menschenerkenntniss ist einseitig. Die Lösung findet er im jansenistischen Christenthum, in dem Dogma vom gefallenen und durch die Gnade geretteten Menschen.

Im Gegensatz zur göttlichen Gnade erscheint ihm jetzt alles Menschliche gering.[71]) Skeptisch steht er den geistigen und sittlichen Fähigkeiten des Menschen gegenüber. Vollständiges, sicheres Wissen ist dem Menschen aus metaphysischen und psychologisch-ethischen Gründen unmöglich; was er erreichen kann, ist nur Ungewissheit.[72]) Die Beschäftigung mit den abstrakten Wissenschaften erklärt er jetzt überhaupt als nicht angemessen für den Menschen, sie entfernen ihn von seiner Bestimmung.[73]) Der Geometrie, für ihn die Wissenschaft schlechthin, erkennt er nur noch einen formalen Werth zu.[74]) Das wahre Studium des Menschen ist der Mensch; sich, sein Elend soll er kennen lernen, er kann es, wenn auch nicht den Grund desselben. Dies soll ihn demüthig machen, er soll seine Vernunft in der Erkenntniss ihrer Schwäche unterwerfen und nach einem Heilmittel suchen. Der Glaube ist das

---

70) I 348.

71) II 47. L'homme n'est qu'un sujet plein d'erreur naturelle et ineffaçable sans la grâce. Rien ne lui montre la vérité; tout l'abuse.

72) II 99. 103. La nature confond les Pyrrhoniens et la raison confond les Dogmatistes; nous avons une impuissance à prouver invincible à tout le dogmatisme, nous avons une idée de la vérité invincible à tout le Pyrrhonisme.

73) I 199. Cf. p. 1 dieser Abhandlung!

74) Pascal schreibt 1660 an den Mathematiker Fermat: „Um freimüthig über die Geometrie zu reden, so halte ich sie für die höchste Uebung des Geistes, aber zugleich für so unnützlich, dass ich wenig Unterschied mache zwischen einem Menschen, der bloss Geometer, und einem anderen, der ein geschickter Handwerker ist. Auch nenne ich sie das schönste Handwerk der Welt, aber schliesslich nichts anderes als ein Handwerk, und ich habe schon oft gesagt, dass sie gut ist, um die Stärke unseres Geistes daran zu erproben, aber nicht, um seine Kraft darauf zu verwenden, dergestalt, dass ich nicht zwei Schritte für die Geometrie thun würde."

Heilmittel. Der Inhalt des Glaubens ist Jesus Christus. In ihm erkennen wir Gott und unser Elend. Ohne Christus keine Gewissheit. Vor und ausser Christus ist der Skepticismus das Wahre.[75]) Nur in Christo giebt es Gewissheit: er ist die Wahrheit. Nur der Glaube giebt uns Gewissheit: er ist das höchste Wissen.[76]) Wie gelangen wir zu ihm? Nicht durch unsere Anstrengung, Gott allein giebt ihn dem, den er erwählt hat. Der Mensch kann sich aber auf den Glauben vorbereiten durch Vernunft und Gewöhnung Zu solcher Vorbereitung auf den Glauben will Pascal in seinen Pensées helfen.[77])

Hatte Pascal, der Mathematiker, an der Möglichkeit menschlichen Wissens nicht gezweifelt, Pascal, der Theolog, glaubt nicht mehr daran: er ist jetzt einerseits Jansenist, anderseits Skeptiker.[78]) Hatte er früher den Verstand in den Vordergrund gestellt, so jetzt das Herz.[79])

Das „Centrum aller Wahrheiten" ist nun für ihn die Theologie,

---

75) II 100. Le pyrrhonisme est le vrai; car après tout, les hommes avant Jésus-Christ, ne savaient où ils en étaient, ni s'ils étaient grands ou petits. Et ceux qui ont dit l'un ou l'autre n'en savaient rien, et devinaient sans raison et par hasard; et même ils erraient toujours en excluant l'un ou l'autre. Quod ergo ignorantes quaeritis, religio annuntiat vobis. Le pyrrhonisme sert à la religion.

76) Selbst die Religion ist für das natürliche, noch nicht von der Gnade erleuchtete Bewusstsein nicht gewiss; das ist sie nur für den Glaubenden: La religion n'est pas certaine, II 173.

77) II 109. C'est pourquoi ceux à qui Dieu a donné la religion par sentiment du cœur, sont bien heureux et bien légitimement persuadés. Mais ceux qui ne l'ont pas, nous ne pouvous la donner que par raisonnement en attendant que Dieu la leur donne par sentiment de cœur, sans quoi la foi n'est qu'humaine et inutile pour le salut.

78) Cousin hat das Bedürfniss des Jansenismus dem Pyrrhonismus gegenüber bei Pascal nachgewiesen: Revue des deux mondes, 1845.

Havet I, XIII: Je ne veux pas dire que le pyrrhonisme ne soit pour Pascal qu'une sorte de fiction ou d'hypothèse. Non, il est pyrrhonien dans toute la sincérité de son âme, il l'est formellement, absolument, audacieusement. . . Pascal admet tous les principes du scepticisme, il en admet toutes les conséquences: les principes, c'est-à-dire que l'homme ne peut rien connaître avec certitude . . . les conséquences, c'est-à-dire qu'il n'y a point de science, mais des opinions.

79) I 172. Le cœur a ses raisons que la raison ne connaît pas.

wie er im „Gespräch mit de Saci“ sagt[80]). Dasselbe ist nach Havet der Schlüssel zu dem Heiligthum der „Gedanken“. Es enthält Pascals Abrechnung mit der Philosophie.

Er unterscheidet hier zwei Classen von Philosophen: die Stoiker und die Pyrrhonianer. Der Repräsentant der ersteren ist Epiktet, der der letzteren Montaigne. Epiktet hat gut die Pflicht des Menschen: Gott soll sein Hauptziel sein, schlecht aber seine Ohnmacht erkannt, meint er doch: der Mensch könne, da Geist und Willen vollkommen in seiner Macht stehen, Gott erkennen, lieben, gefallen, sich heilig und zum Genossen Gottes machen. Montaigne hat gut die Ohnmacht des Menschen, schlecht aber seine Pflicht erkannt. Er betrachtet den Menschen entblösst von aller Offenbarung. Er zweifelt an allem, selbst daran, ob er zweifelt. Er will gar nicht behaupten. Que sais-je? ist seine Losung. Er ist reiner Pyrrhonianer. Er spottet jeder Gewissheit. So hart und unbarmherzig setzt er der vom Glauben entblössten Vernunft zu: er lässt sie zweifeln, ob sie vernünftig ist, ob die Thiere es sind oder nicht; er zwingt sie von der Stufe der Vorzüglichkeit, auf welche sie sich selbst gestellt hat, herab und stellt sie aus Gnade in gleiche Linie mit den Thieren. — Pascal bekennt seine Freude, in Montaigne die hochmüthige Vernunft so vollständig durch ihre eigenen Waffen aufgerieben und den Menschen von der Gemeinschaft mit Gott, zu der er sich kraft der Vernunft allein erhob, auf die Stufe der Thiere erniedrigt zu sehen. Er würde den Vollstrecker einer so grossen Rache von ganzem Herzen lieben, wenn er, als demüthiger Jünger der Kirche, durch den Glauben die Regeln der Moral befolgt und jene Menschen, die er so heilsam gedemüthigt hatte, dazu gebracht hätte, nicht durch neue Versuchungen den zu erzürnen, der allein im Stande ist, sie von denen zu befreien, die sie, wie er sie überzeugt hatte, aus eigener Kraft nicht einmal erkennen können. Montaigne überlässt aber die Sorge für das Wahre und Gute anderen und lebt in Bequemlichkeit und Ruhe. Epiktet und Montaigne sind die beiden bedeutendsten Vertreter der berühmtesten Philosophenschulen.

---

[80]) I 348. Entretien de Pascal avec Saci sur Epictète et Montaigne, 1654.

Worin besteht ihr Irrthum? Pascal antwortet: in der Verkennung des Falles des Menschen. Sie wissen nicht, dass der gegenwärtige Zustand des Menschen verschieden ist von dem seiner Erschaffung. Epiktet erkennt nur die Grösse des Menschen und führt zum Stolz, Montaigne erkennt nur das Elend des Menschen und führt zur Trägheit. Grösse und Elend musste man aber zusammen erkennen, um die ganze Wahrheit zu haben. Das ist die Wahrheit des Evangeliums. Sie vereinigt die Gegensätze, die unversöhnlich in den menschlichen Lehren waren. Wodurch? Die Weisen der Welt verlegen die Gegensätze in ein und dasselbe Subject: der eine schreibt der Menschennatur Grösse zu, der andere Schwäche. Der Glaube aber lehrt uns, die Gegensätze verschiedenen Subjecten zu zuertheilen: alles Schwache gehört der Natur, alle Kraft der Gnade. „Diese erstaunliche, neue Einigung konnte allein ein Gott lehren und bewirken: ein Abbild und eine Wirkung der unaussprechlichen Einigung der beiden Naturen in der einzigen Person des Gottmenschen.[81])“ So erklärt Pascal die Theologie für den Mittelpunkt aller Wahrheiten.[82]) Gleichwohl hat die Lectüre der Philosophie ihren Nutzen. In Epiktet findet Pascal eine unvergleichliche Kraft, die Ruhe derer zu stören, die sie in den äusseren Dingen suchen, um sie zur Anerkennung zu nöthigen, dass sie wahre Sklaven und elende Blinde sind; dass sie unmöglich etwas anderes als Schmerz und Irrthum, welchem sie entgehen wollen, finden können, wenn sie sich nicht ohne Rückhalt Gott allein ergeben. Und Montaigne ist unvergleichlich, um den Stolz derer zu Schanden zu machen, welche ohne Glauben sich einer wahren Gerechtigkeit rühmen, um diejenigen zu enttäuschen, welche an ihren Meinungen festhalten und unabhängig von Gottes Existenz und Vollkommenheiten in den Wissenschaften unerschütterliche Wahrheiten zu finden glauben; unvergleichlich, um die Vernunft der Mangelhaftigkeit ihres Lichts und ihrer Verirrungen zu überführen.

---

[81]) I 364.

[82]) I 364. Il est difficile de ne pas y (la théologie) entrer, quelque vérité qu'on traite, parce qu'elle est le centre de toutes les vérités.

I. Wissen.

1. Unmöglichkeit vollständigen und sicheren Wissens.

Ein vollständiges, sicheres Wissen hält Pascal, der Jansenist, aus metaphysischen und psychologisch-ethischen Gründen für unmöglich.

Er führt vier metaphysische Gründe an: Erstens erkennt der Mensch Princip und Ziel der Dinge nicht. Sodann kann er als Theil das Ganze nicht erkennen, nicht einmal die Theile, zu denen er in einem Verhältnisse steht. Ferner kann er die einfachen Dinge geistiger oder körperlicher Natur nicht erkennen, weil er aus zwei verschiedenartigen Naturen, Seele und Leib, zusammengesetzt ist. Endlich begreift er weder das Wesen des Körpers noch das des Geistes noch ihre Vereinigung.

In psychologisch-ethischer Beziehung führt Pascal sechs Momente an, die unser Wissen gefährden: den Willen, die Krankheit, unser eigenes Interesse, die Einbildungskraft, die Gewohnheit und die Eigenliebe.

a) Metaphysische Gründe.

α) Princip und Ziel der Dinge.

Ueber Princip und Ziel der Dinge ist der Mensch in Dunkelheit. Pascal führt dem Menschen die unendliche Grösse und Kleinheit der Dinge um ihn her vor Augen.[83]) Er lässt ihn die Erde sehen, nur ein Punkt im Vergleich zu ihrer Bahn, und diese selbst wieder nur ein Punkt im Vergleich zu den Bahnen anderer Gestirne, ja die ganze sichtbare Welt nur ein Punkt im weiten Bereiche der Natur. Was ist der Mensch in der Unendlichkeit des Weltalls? Sodann führt er den Menschen zur Betrachtung einer Milbe: wie klein ihr Körper, „Beine mit Gelenken, Adern in diesen Beinen, Blut in diesen Adern, Flüssiges in diesem Blut, Tropfen in dieser Flüssigkeit, Dünste in diesen Tropfen.“ Das Atom[84]) selbst eine Unendlichkeit von Weltallen, von denen jedes

---

[83]) II 63—76. Vgl. I 190.

[84]) Pascal kann das Wort „Atom“ hier nicht in dem gewöhnlichen, von Demokrit festgestellen Sinne gebraucht haben, denn in diesem Sinne ist es nicht nur seiner Natur nach untheilbar, sondern auch, sofern es überhaupt

sein Firmament, seine Planeten, seine Erde in demselben Verhältnisse hat wie die sichtbare Welt; auf dieser Erde Thiere und endlich Milben. Unser Körper, zuvor im Weltall kaum wahrnehmbar, jetzt ein Koloss, eine Welt, ein All in Beziehung auf das Nichts. — So steht der Mensch zwischen den beiden Abgründen des Unendlichen und des Nichts; seine Wissbegierde wandelt sich in Bewunderung: er ist mehr zu stummer Betrachtung dieser Wunder als zu hochmüthiger Erforschung derselben geneigt. „Was ist der Mensch in der Natur? Ein Nichts im Vergleich zum Unendlichen, ein All im Vergleich zum Nichts, ein Mittelding zwischen dem Nichts und dem All. Unendlich entfernt vom Begreifen der entgegengesetzten Dinge — Ende und Grund der Dinge ist in einem undurchdringbaren Dunkel unerreichbar für ihn verborgen —, ist er ebenso unfähig, das Nichts zu erkennen, aus dem er hervorgegangen ist, als das Unendliche, worin er sich verliert.“ Wir nehmen nur einen Schein der Mitte der Dinge wahr, ohne je zur Erkenntniss ihres Anfangs oder Endes zu gelangen. „Alle Dinge sind aus dem Nichts hervorgegangen und erheben sich bis zur Unendlichkeit. Wer wird diese staunenswerthen Stufen verfolgen? Der Schöpfer dieser Wunder erfasst sie, jeder andere vermag es nicht.“ Wie anmassend, den Grund der Dinge erfassen und dahin gelangen zu wollen, alles zu erkennen! Alle Wissenschaften sind in dem Umfang ihrer Untersuchungen unendlich. Die Geometrie z. B. hat eine Unendlichkeit von Unendlichkeiten von Sätzen zu beweisen. Die, welche man als die letzten aufstellt, gründen sich nicht auf sich selbst, sondern haben wieder in anderen ihre Begründung; wir aber machen zu den letzten diejenigen, welche dem Verstand also erscheinen. Wer die letzten Principien der Dinge begriffen hätte, könnte auch das Unendliche

als ausgedehnt betrachtet wird, durchaus homogen; es kann also keine Mannigfaltigkeit verschiedener Theile in sich haben. Pascal muss das Wort hier in einem anderen uneigentlichen Sinn gebraucht haben, im Sinne eines kleinsten Theiles, zu dem wir in der Phantasie durch fortwährende Theilung — z. B. der Milbe — gelangen. Was wir als ein atome inperceptible ansehen, weil es das Kleinste ist, was wir vorstellen können, ist für eine weitergehende Betrachtung, die mit dem strengen Begriff der Unendlichkeit operirt, möglicher Weise noch eine Welt, ebenso gegliedert wie das Universum im Grossen.

erkennen; das eine hängt vom anderen ab, das eine führt zum anderen; die äussersten Gegensätze berühren sich und stossen zusammen, nachdem sie sich von einander getrennt hatten, um sich in Gott und in Gott allein wieder zu finden. Unsere Erkenntniss nimmt in der Reihe der erkennbaren Dinge denselben Platz ein wie unser Körper in der Ausdehnung der Natur.“ Unser Zustand hält die Mitte zwischen den äussersten Gegensätzen. Das zeigt sich bei all unseren Fähigkeiten. Unsere Sinne vernehmen nichts Extremes. Dieser Zustand macht uns unfähig, mit Gewissheit zu wissen und schlechthin nicht zu wissen. Wir bewegen uns auf einer weiten Fläche in der Mitte, stets ungewiss und schwankend, von einem Ende zum anderen getrieben. Wo wir irgend einen Halt zu erreichen und uns dort zu befestigen gedenken, da weicht er und verlässt uns, und wenn wir ihm folgen, so entgleitet er unter unseren Händen, er entschlüpft und flieht in ewiger Flucht. Nichts hält für uns Stand. Das ist unser natürlicher Zustand, der indessen unserer Neigung am meisten zuwider ist: wir brennen vor Verlangen, einen festen Standpunkt und eine letzte, dauernde Grundlage zu gewinnen, um darauf einen Thurm zu bauen, der sich bis ins Unendliche erhebt; aber all unsere Grundlegung bricht zusammen, und die Erde öffnet sich bis zu den Abgründen. Lasst uns also keine Sicherheit und keine Gewissheit suchen! Unsere Vernunft wird stets durch die Unbeständigkeit der Erscheinungen getäuscht, nichts kann das Endliche zwischen den beiden Unendlichkeiten festhalten, die dasselbe einschliessen und fliehen.

β) Theil und Ganzes.

Als Theil kann der Mensch nicht das Ganze erkennen, nicht einmal die Theile, zu denen er in einem Verhältnisse steht.[85]) Denn die Theile der Welt hängen untereinander zusammen, sodass es unmöglich ist, das eine ohne das Ganze zu erkennen. Der Mensch steht z. B. im Verhältniss zu allem diesen, was er kennt. Er bedarf des Raumes, um sich darin zu bewegen; der Zeit, um zu bestehen; der Bewegung, um zu leben; der Elemente, aus

[85]) II 72.

denen er besteht; der Wärme und Nahrung, die ihn erhält; der Luft, um zu athmen. Er sieht das Licht, er fühlt die Körper, kurz, alles tritt mit ihm in Berührung. Zur Erkenntniss des Menschen ist es nöthig zu wissen, woher es kommt, dass er für sein Bestehen der Luft bedarf, und zur Erkenntniss der Luft muss man wissen, in welcher Beziehung sie zum Leben des Menschen steht. Die Flamme besteht nicht ohne Luft; um also jene zu erkennen, muss man auch diese kennen.

γ) Die einfachen Dinge.

Der Mensch kann die einfachen Dinge geistiger oder körperlicher Natur nicht erkennen, weil er aus zwei verschiedenen Naturen, Seele und Leib, zusammengesetzt ist.[86])

Die Dinge sind in sich selbst einfach; wir aber sind aus zwei entgegengesetzten, verschiedenartigen Naturen zusammengesetzt: aus Seele und Leib. Wir geben allen einfachen Dingen, die wir betrachten, unser zusammengesetztes Gepräge. Die Philosophen reden von sinnlichen Dingen geistig und von geistigen Dingen sinnlich, z. B. die Körper haben Sympathien und Antipathien, oder sie betrachten geistige Wesen als räumlich und legen ihnen Bewegung bei.

δ) Körper und Geist.

Der Mensch begreift nicht, was Körper und Geist an sich ist, viel weniger, was ihre Vereinigung ist. „Der Mensch ist sich selbst der wunderbarste Gegenstand der Natur; denn er kann nicht fassen, was ein Körper ist, noch viel weniger, was ein Geist ist, und am allerwenigsten, wie ein Körper mit einem Geiste vereinigt sein kann“.[87])

b) Psychologisch-ethische Gründe.

α) Der Wille.

Der Wille mit seinen Launen und Neigungen verdunkelt unser Wissen. Dem Willen gefällt bald diese, bald jene Seite

---

[86]) II 74. [87]) II 74.

einer Sache; er lenkt den Geist von der Betrachtung derjenigen ab, die ihm nicht gefällt; der Geist leistet Folge.[88])

β) Die Krankheit.

Auch die Krankheiten sind eine Quelle des Irrthums. Sie üben nachtheiligen Einfluss auf Urtheil und Sinne. Bedeutende Krankheiten erschüttern sie sichtbar, geringere schwächer.[89])

γ) Unser eigenes Interesse.

Ferner besticht uns unser eigenes Interesse.[90]) Selbst der redlichste Mann von der Welt darf nicht in seiner eigenen Sache Richter sein; ich kenne welche, die, um nicht in diese Eigenliebe zu fallen, auf verkehrte Weise die Ungerechtesten wurden. Ein sicheres Mittel, einen ganz gerechten Handel zu verlieren, war es, wenn man ihn durch die nächsten Freunde anempfehlen liess. Die Gerechtigkeit und Wahrheit sind zwei so feine Spitzen, dass unsere Werkzeuge zu stumpf sind, um sie genau zu treffen. Wenn sie dieselben berühren, so drücken sie die Spitze breit und stützen sich rings umher mehr auf das Falsche als auf das Wahre.

Wenn man einem anderen eine Sache zur Beurtheilung vorträgt, trübt man bereits sein Urtheil durch die Art und Weise des Vortrags: besser ist, nichts dabei zu sagen und selbst auf Miene und Stimme in scharfer Selbstzucht zu achten.

δ) Die Einbildungskraft.

Die Einbildungskraft[91]) ist eine „Meisterin des Irrthums und der Unwahrheit“, eine Feindin der Vernunft. Sie bildet im

---

[88]) I 223. 224. La volonté est un des principaux organes de la créance; non qu'elle forme la créance, mais parce que les choses sont vraies ou fausses, selon la face par où on les regarde. La volonté, qui se plaît à l'une plus qu'à l'autre, détourne l'esprit de considérer les qualités de celles qu'elle n'aime pas à voir: et ainsi l'esprit, marchant d'une pièce avec la volonté, s'arrête à regarder la face qu'elle aime et ainsi il en juge par ce qu'il y voit. — Tout notre raisonnement se réduit à céder au sentiment.

[89]) II 53. Nous avons un autre principe d'erreur, les maladies. Elles nous gâtent le jugement et le sens. Et si les grandes l'altèrent sensiblement, je ne doute point que les petites n'y fassent impression à leur proportion.

[90]) II 53. 54. [91]) II 47 ff.

Menschen gewissermaassen eine zweite Natur. Sie lässt die Vernunft glauben, zweifeln, verwerfen; sie hebt die Thätigkeit der Sinne auf und lässt sie fühlen. Sie macht selbstzufrieden und selbstvertrauend. Sie vergrössert das Kleine und verkleinert das Grosse.[92])

Pascal führt einige Beispiele an. Er zeichnet einen ehrwürdigen Richter, der sich scheinbar nur durch reine, erhabene Gründe bestimmen lässt und die Dinge nach ihrem Wesen richtet, ohne sich von den geringfügigen Umständen bestimmen zu lassen, die nur auf die Einbildungskraft der Schwachen Einfluss haben; er hört einen Prediger mit heiserer Stimme, seltsamer Gesichtsbildung oder schlechtrasirtem Kinn: was für grosse Wahrheiten er auch vorbringen mag, der Ernst unseres Senators ist dahin!

Der grösste Philosoph der Welt, auf ein sicheres Brett über einen Abgrund gestellt, erblasst und geräth in Angstschweiss, obwohl seine Vernunft ihn von seiner Sicherheit überzeugt.

Der Menschengeist, der alles beurtheilen zu können glaubt, wird durch eine Fliege, die ihm vor den Ohren summt, gutes Rathes unfähig. „Wollt ihr, dass er die Wahrheit finde, so verjagt jenes Thier, das sein Urtheil gefangen hält und diesen gewaltigen Geist, der Städte und Königreiche regiert, verwirrt!"

Der Anblick von Katzen und Ratten, das Zertreten von Kohle bringt den Geist ausser Fassung.

Liebe und Hass ändern das Recht. „Wieviel gerechter findet ein zum Voraus gut bezahlter Advocat die Sache, die er führt! Um wieviel besser erscheint er wegen seiner kühnen Gesticulation den durch diesen Schein betrogenen Richtern! Seltsame Vernunft, die sich von jedem Winde nach einer anderen Seite treiben lässt!"

Die Einbildungskraft lässt sich durch den Schein blenden. Die Rechtsgelehrten beherrschen die Welt durch ihre Talare und Hermeline, die Aerzte erlangen Geltung durch ihre langen Röcke und Sammetpantoffeln.

Die Einbildungskraft gebietet über alles: sie macht die Schönheit, das Recht, das Glück. Sie ist die Königin der Welt.

---

[92]) II 23, I 200.

ε) Die Gewohnheit.

Die Gewohnheit bestimmt den Menschen bei der Wahl des Berufs.[93])

Gewohnheit und Vorurtheil beherrschen ihn: Türken, Ketzer und Ungläubige gehen den Weg der Väter in dem Vorurtheil, er sei der beste.[94])

Die Gewohnheit entscheidet über Recht und Unrecht.[95]) Der Mensch kennt die wahre Gerechtigkeit nicht, sonst würde sie bei allen Völkern und in allen Ländern herrschen. Jetzt aber hat jedes Land seine eigenen Gesetze, denen jeder Unterhan folgen muss. Kein Gesetz hat allgemein Gültigkeit. Diebstahl, Blutschande, Unzucht, Kinder- und Vatermord: alles hat man schon für tugendhaft gehalten. Die Definition der Gerechtigkeit schwankt: man fasst sie bald als Autorität des Gesetzgebers, bald als Bequemlichkeit des Herrschers, bald als herrschende Sitte; letzteres ist das Sicherste. Die Gewohnheit schafft alle Gerechtigkeit; sie ist der geheimnisvolle Grund ihrer Autorität Man muss den Gesetzen folgen, weil es Gesetze sind, nicht weil sie wahr oder gerecht seien; denn wir verstehen uns nicht auf die Wahrheit und Gerechtigkeit. Das Volk allerdings gehorcht den Gesetzen nur, weil es sie für gerecht hält. — Selbst die natürlichen Principien sind nur angewöhnte. Kurz: die Gewohnheit ist die zweite Natur des Menschen, welche die erste zerstört.

ζ) Die Eigenliebe.

Die Eigenliebe[96]) erzeugt in uns einen tötlichen Hass gegen die Wahrheit. Wir wollen nicht, dass man uns tadelt und unsere Mängel aufdeckt; wir verbergen sie anderen und uns selbst. Wir hüten uns, andere zu tadeln und thun es höchstens unter Beimischung von Milderungen und Lobsprüchen. Namentlich erfahren die Grossen der Erde nie die Wahrheit. So ist das menschliche Leben nur eine fortlaufende Täuschung, niemand spricht in unserer Gegenwart so von uns, wie er in unserer Abwesenheit von uns redet. „Der Mensch ist also nur Verstellung, Lüge und Heuchelei

---

[93]) II 56. [94]) II 55. [95]) II 126 ff. [96]) II 56 ff. cf. I 207.

in Bezug auf sich selbst und in seinen Beziehungen zu anderen. Er will nicht, dass man ihm die Wahrheit sage; er vermeidet, sie anderen zu sagen, und diese Gesinnung, soweit von Gerechtigkeit und Vernunft entfernt, hat in seinem Herzen eine natürliche Wurzel."

2. Der Mensch, das wahre Studium des Menschen.

Das für den Menschen angemessene Studium ist der Mensch.[97]) „Wenn der Mensch vorerst sich erforschte, würde er einsehen, wie unfähig er ist, darüber hinauszugehen.[98]) Bei sich soll er mit seinem Denken anfangen: das ist die rechte Ordnung des Denkens. Freilich die Welt denkt nur an Nichtigkeiten.[99]) In einem gewaltigen Gemälde zeichnet Pascal den natürlichen Zustand des Menschen.[100]) „Wenn ich die Blindheit und das Elend des Menschen ansehe und betrachte, wie das ganze stumme Universum und der Mensch ohne Licht sich selbst überlassen ist, wie verirrt in diesen Winkel der Welt, ohne zu wissen, wer ihn hierher gesetzt hat, was er hier thun soll, was aus ihm bei seinem Tode werden wird, unfähig jeder Erkenntniss: so erfasst mich ein Schauer, wie einen Menschen, den man während des Schlafes auf eine verlassene, schreckliche Insel getragen hätte, und der beim Erwachen nicht wüsste, wo er ist, und wie er von dort fort kommen soll. Ich bin erstaunt, dass man über einen so unglücklichen Zustand nicht in Verzweiflung geräth. Ich sehe um mich her andere in demselben Znstand; ich frage sie, ob sie besser unterrichtet sind als ich; sie sagen nein, und ich sah dann diese unglücklichen Verirrten rings um sich her schauen, und da sie hie und da Gegenstände erblickten, die ihnen gefielen, so gaben sie sich ihnen hin und liessen sich von ihnen fesseln."

---

[97]) I 199. Cf. p. 1 dieser Abh.

[98]) II 72.

[99]) II 85. L'homme est visiblement fait pour penser; c'est toute sa dignité et tout son mérite, et tout son devoir est de penser, comme il faut: or l'ordre de la pensée est de commencer par soi et par son auteur et sa fin. Or, à quoi pense le monde? Jamais à cela; mais à danser, à jouer du luth, à chanter, à faire des vers, à courir la bague, etc. à se bâtir, à se faire roi, sans penser à ce que c'est qu'être roi et qu'être homme.

[100]) II 269.

Wenn sich nun der Mensch betrachtet, so erkennt er seinen elenden Zustand: „Der Zustand des Menschen ist Unbeständigkeit Missbehagen, Unruhe[101]).“ Er sieht sich voll von Gegensätzen: „Wir sehnen uns nach Wahrheit und finden in uns nur Ungewissheit“.[102]) Im Gegensatz zur wirklichen Wahrheit, die ganz rein und wahr ist, giebt es für den natürlichen Menschen nichts absolut Wahres, alles ist zum Theil wahr, zum Theil falsch; Pascal zeigt dies an dem Gebot der Keuschheit und an dem Gebot, nicht zu tödten.[103]) „Wir suchen das Glück und finden nur Elend und Tod. Wir sind nicht im Stande, uns Wahrheit und Glück nicht zu wünschen und sind dennoch für Gewissheit und Glück unfähig“.[104])

Aber darin, dass der Mensch sein Elend erkennt, besteht seine Grösse: „Die Grösse des Menschen zeigt sich eben darin, dass er sich seines Elends bewusst ist. Ein Baum ist sich seines Elends nicht bewusst. Darin besteht mithin das Elendsein, sich des Elends bewusst sein; aber darin besteht die Grösse, zu erkennen, dass man elend ist“.[105])]

Mit Meisterhand zeichnet Pascal das Elend des Menschen; manche Gedanken erinnern an Byron und Schopenhauer. So vergleicht er z. B. die Menschen mit einer Anzahl gefesselter Verbrecher, von welchen jeden Morgen ein Theil vor den Augen der anderen hingewürgt wird, die hoffnungslos ihr Schicksal voraussehen.[106])

Der Mensch sucht nach Betäubungsmitteln seines Elends[107]): sie bestehen in Sorge um Ehre und Vermögen, Arbeit und Genuss, Unterhaltung und Spiel, Geräusch und Unruhe, obwohl sein wahres Glück in der Ruhe besteht. All diese Zerstreuungen hindern den Menschen, über sich und sein Elend nachzudenken, denn nichts ist ihm unerträglicher als solche Selbstbetrachtung: „Nichts ist dem Menschen so unerträglich, als sich in völliger Ruhe zu befinden, ohne Leidenschaft, ohne Beschäftigung, ohne Zerstreuung, ohne Anstrengung. Er fühlt alsdann seine Nichtigkeit, seine Verlassenheit, seine Unzulänglichkeit, seine Abhängigkeit, seine Ohnmacht,

---

101) II 41. 102) II 88. 103) II 97. 104) II 88. 105) II 82. 106) II 23. 107) II 31 ff.

seine Leere. Unaufhörlich wird aus dem Grunde seiner Seele aufsteigen Missbehagen, Böswilligkeit, Traurigkeit, Angst, Aerger, Verzweiflung". [108])

So ist Zerstreuung eigentlich sein grösstes Unglück; ohne sie würde er Missbehagen empfinden, und dies würde ihn antreiben, ein wahrhaftiges Heilmittel zu suchen: „Das Einzige, was uns über unser Elend tröstet, ist die Zerstreuung, und doch ist eben sie für uns das grösste Unglück. Denn sie ist es, die uns hauptsächlich daran hindert, über uns nachzudenken, und die uns unmerklich untergehen lässt. Ohne sie würden wir uns in Missbehagen befinden, und dies Missbehagen würde uns dazu antreiben, ein wahrhaftigeres Mittel zu suchen, um demselben zu entgehen. Aber die Zerstreuung unterhält uns und lässt uns unmerklich dem Tode entgegengehen". [109])

In sich selbst findet der Mensch das Heilmittel nicht; die Philosophen versprechen es zwar, aber ihre Recepte sind wirkungslos, kennen sie doch nicht einmal die Krankheit: „Es ist vergeblich, Menschen, dass ihr in euch selbst das Heilmittel gegen euer Elend sucht. Alle eure Geisteskraft vermag nicht zu der Erkenntniss zu gelangen, dass ihr in euch selbst weder die Wahrheit noch das ewige Gut finden werdet. Die Philosophen haben es euch versprochen, und sie haben es nicht halten können. Sie wissen weder, was euer wahrhaftes Gut ist, noch was euer wahrer Zustand ist. Wie hätten sie gegen eure Uebel Heilmittel geben sollen, da sie jene nicht einmal erkannt haben?" [110])

Mit einem Wort: den Grund des Elends in geistiger und sittlicher Beziehung kann der natürliche Mensch nicht erkennen; Gott allein kann ihn darüber aufklären: „Erkenne also, o Stolzer, welches Paradoxon du dir selber bist! Demüthige dich, ohnmächtige Vernunft, schweige, schwache Natur; lerne, dass der Mensch unendlich über sich erhaben ist, und erfahre von deinem Lehrer den wirklichen Zustand, den du nicht kennst. Vernimm die Stimme Gottes!" [111])

---

[108]) II 42. [109]) II 40. [110]) II 147. [111]) II 104.

3. Der letzte Schritt der Vernunft, ihre Unterwerfung.

Selbsterkenntniss lehrt Selbstbescheidung. Der letzte Schritt der Vernunft besteht in ihrer Unterwerfung: sie muss anerkennen, dass unendlich viel Dinge ihre Kraft übersteigen, und zwar schon auf natürlichem Gebiet, wieviel mehr auf übernatürlichem.[112])

Freilich würde sie sich nicht unterwerfen, wenn sie nicht einsähe, dass sie es müsse. Der heilige Augustin sagt: „Die Vernunft würde sich nie unterwerfen, wenn sie nicht einsähe, dass es Fälle giebt, wo sie sich unterwerfen muss. Es ist also recht, dass sie sich unterwirft, wenn sie einsieht, dass sie sich unterwerfen muss. Es giebt nichts, was so sehr der Vernunft entspricht als diese Verleugnung der Vernunft“.[113])

Man muss eben dreierlei thun, je nach Nothwendigkeit: zweifeln, behaupten und sich unterwerfen. Wer das nicht thut, kennt nicht die Kraft der Vernunft. Manche behaupten alles: aber sie können nicht alles beweisen. Andere zweifeln an allem: sie wissen nicht, wo sie sich unterwerfen müssen. Wieder andere unterwerfen sich in allem, weil sie nicht wissen, wo man urtheilen muss.[114])

Nur durch Unterwerfung der Vernunft ist wahre Selbsterkenntniss möglich: „Gott hat, um sich allein das Recht vorzubehalten, uns zu belehren und uns die Schwierigkeit unseres Daseins unerklärlich zu machen, uns den Knoten desselben so hoch oder vielmehr so tief verborgen, dass wir nicht im Stande waren, dahin zu gelangen, sodass es nicht durch die Anstrengung unserer Vernunft, sondern nur durch die einfache Unterwerfung der Vernunft möglich ist, dass wir uns wahrhaft kennen lernen können“.[115])

Pascal freut sich, die stolze Vernunft gedemüthigt und bittend zu sehen.[116])

II. Glauben.

1. Inhalt des Glaubens.

a) Christus.

Der Inhalt des Glaubens ist Christus. Er ist der Versöhner der Menschheit mit Gott. In Christo belehrt uns Gott über sich

---

112) II 347. 113) II 348). 114) II 347. 115) II 352. 116) II 135.

und uns; wir erkennen in Christo Gott und unser Elend.[117]) „Die christliche Religion besteht wesentlich in dem Geheimnisse des Erlösers, der durch die Vereinigung der beiden Naturen, der menschlichen und der göttlichen, in sich die Menschen aus dem Verderben der Sünde befreit hat, um sie in seiner göttlichen Person mit Gott zu versöhnen. Dieselbe lässt demnach die Menschen beide Wahrheiten erkennen, sowohl dass ein Gott da ist, für den die Menschen empfänglich sind, als auch dass in ihrer Natur eine Verderbniss ist, die sie dessen unwürdig macht. Es ist für die Menschen gleich wichtig, beide Punkte zu erkennen; und es ist gleich gefährlich für den Menschen, Gott zu erkennen, ohne sein Elend zu kennen, und sein Elend zu erkennen, ohne den Erlöser zu erkennen, der ihn davon zu heilen vermag. Eine einzelne von diesen beiden Erkenntnissen bringt entweder den Stolz der Weltweisen hervor, die Gott erkannt, aber nicht ihr Elend, oder die Verzweiflung der Gottesleugner, die ihr Elend erkennen ohne einen Erlöser von demselben. Wie es nun gleichermaassen das Bedürfniss des Menschen ist, diese beiden Wahrheiten zu erkennen, so entspricht es in derselben Weise der Barmherzigkeit Gottes, dass er sie uns hat erkennen lassen. Dies thut die christliche Religion, und darin besteht sie.“ Aus diesen beiden Wahrheiten Erkenntniss Gottes und unseres Elends, besteht der Glaube, das Christenthum. „Aller Glaube besteht in Jesus Christus und in Adam; und alle Sittenlehre in der bösen Lust und in der Gnade“.[118])

Jesus Christus ist der wahrhaftige Gott der Menschen: „Wir erkennen Gott nur durch Jesum Christum. Ohne diesen Vermittler ist alle Gemeinschaft mit Gott aufgehoben; durch Jesum Christum

---

[117]) II 356.

II 115. On ne peut connaitre Jésus-Christ sans connaître tout ensemble Dieu et sa misère.

II 315. La connaissance de Dieu sans celle de sa misère fait l'orgueil. La connaissance de sa misère sans celle de Dieu fait le désespoir. La connaissance de Jésus-Christ fait le milieu parce que nous y trouvons et Dieu et notre misère.

[118]) II 369.

II 355. La religion chrétienne consiste en deux points: il importe également aux hommes de les connaître et il est également dangereux de les ignorer. Vgl. I 10.

kennen wir Gott. Alle, welche gemeint haben, ohne Jesus Christus Gott zu erkennen und ihn zu beweisen, hatten nur schwache Beweise. Um aber Jesum Christum zu beweisen, haben wir die Weissagungen, welche kräftige und sprechende Beweise sind. Und diese Weissagungen, die erfüllt und durch den Erfolg als wahr bewährt dastehen, geben die Gewissheit von diesen Wahrheiten und in Folge dessen den Beweis von der Göttlichkeit Jesu Christi. In ihm und durch ihn erkennen wir also Gott. Ohne ihn und ohne die Schrift, ohne die Erbsünde, ohne den verheissenen und erschienenen nothwendigen Mittler vermag man weder Gott zu beweisen noch wahrhaften Glauben noch wahre Sittlichkeit zu lehren. Aber durch Jesum Christum und in Jesu Christo beweist man Gott und lehrt man Sittlichkeit und Glauben. Jesus Christus ist also der wahrhaftige Gott der Menschen".[119]) Diesem Gotte naht man sich ohne Stolz, und vor ihm demüthigt man sich ohne Verzweiflung.[120])

Sein Werk besteht darin, dass er die Menschen Selbsterkenntniss lehrt und ihnen die Erlösung bietet: „Jesus Christus hat nichts anderes gethan als die Menschen gelehrt, dass sie sich selbst lieben, dass sie Sklaven, Blinde, krank, elend und sündig wären; dass es nöthig sei, dass er sie erlöse, erleuchte, beselige und heile; dass dies geschehen würde, wenn sie sich selbst hassten und ihm durch Leiden und Kreuzestod folgen würden".[121])

Er ist die Wahrheit: der Weg zu Gott besteht darin: zu wollen, was Gott will; Jesus Christus allein führt zu ihm, der Weg, die Wahrheit.[122])

Der grösste Beweis für Jesus Christus sind die Weissagungen.[123]) Er selbst beweist, dass er der Messias war, durch seine Wunder.[124])

[119]) II 316. [120]) II 314. [121]) II 315.

II 318. Jésus-Christ vient dire aux hommes qu'ils n'ont point d'autres ennemis qu'eux mêmes; que ce sont leurs passions qui les séparent de Dieu; qu'il vient pour les détruire et pour leur donner sa grâce, afin de faire d'eux tous une Eglise sainte.

[122]) II 315.

II 158. La corruption de la raison parait par tant de différentes et extravagantes mœurs. Il a fallu que la Vérité soit venue, afin que l'homme ne véquît plus en soi-même.

[123]) II 270. [124]) II 226.

Pascals tiefe Liebe zu Christo offenbart sich in dem wunderbaren Zwiegespräch „Mystère de Jésus“. Er steht zu dem Herrn in einem innigen persönlichen Verhältniss, er unterhält mit ihm einen lebhaften Verkehr. Er steht mit ihm sozusagen auf du und du, er umschlingt das Kreuz auf Golgatha.[125]) Und wir? O wie weit sind wir heut von dieser Innigkeit und Lebendigkeit des Glaubens entfernt! Welch heilige Freude spricht aus seinem Glaubensbekenntniss, in dem er seinen Erlöser preist, der ihn, den Menschen voll Schwachheit, Elend, Lust, Stolz und Hoffnung, zu einem neuen Menschen gemacht hat durch die Kraft seiner Gnade.[126])

b) Gott.

Nur in Christo erkennen wir Gott, nicht in der Natur. Die Natur stellt Gott nicht mit Evidenz dar. Sie bietet nur Anlass zu Zweifel und Unruhe: man findet in ihr zuviel Grund, um Gott zu leugnen, und zu wenig, um Gott klar zu erkennen: „Wenn ich in der Natur nichts sehen würde, was von Gott zeugte, so würde ich mich entschliessen, nichts zu glauben. Wenn ich überall die Spuren eines Schöpfers sähe, so würde ich mich im Glauben beruhigen. Da ich aber zuviel Grund zur Leugnung sehe und zu wenig, um mich zu versichern, befinde ich mich in einem beklagenswerthen Zustand, worin ich hundert Mal den Wunsch gehabt habe, dass, wenn ein Gott die Natur erhält, sie ihn unzweideutig offenbaren möge, und wenn die Beweise, welche sie über ihn darbietet, trügerisch sind, sie dieselben gänzlich unterdrücken möge, dass sie alles oder nichts sagen möge, damit ich sehe, welcher Ansicht ich zu folgen habe. Statt dessen befinde ich mich in einem Zustand, worin ich nicht weiss, was ich bin, und was ich thun soll, und worin ich weder meine Lage noch meine Pflicht erkenne. Mein Herz sehnt sich mit allen Kräften nach der Erkenntniss, wo sich das wahre Gut befindet, um es zu erreichen. Nichts würde mir für die Ewigkeit zu theuer sein“.[127])

---

125) Cf. Havet I XXXIX.

126) I 243. Weiteres über Pascals persönliches Glaubensleben, siehe K. Warmuth, Das religios-ethische Ideal Pascals, Leipzig, Wigand, 1901. p. 3 u. 4.

127) II 118.

Nach der Schrift ist Gott ein verborgener Gott: er hat die Menschen nach dem Fall einer Blindheit überlassen, von der sie nur Jesus Christus erlösen kann: ohne ihn keine Verbindung mit Gott.[128])

Kein biblischer Schrifsteller hat sich der Natur bedient, um Gott zu beweisen[129]).

Gottlosen gegenüber Gott aus den Werken der Natur zu beweisen, ist kühn und fruchtlos; das mag man Gläubigen gegenüber thun.[130])

Die metaphysischen Beweise des Daseins Gottes liegen der Vernunft fern und wirken höchstens eine vorübergehende Ueberzeugung.[131])

Mit unserer natürlichen Erkenntniss können wir weder das Dasein noch das Wesen Gottes erkennen; wir können nur theilbare und begrenzte Dinge fassen, Gott ist weder theilbar noch begrenzt; so sind wir unfähig, zu erkennen, was Gott ist, und ob er ist.[132]) Nur durch den Glauben erkennen wir sein Dasein[133]).

Wer Gott ausser Christo aus der Natur allein erkennen will, findet keine Befriedigung oder wird Atheist oder Deist. Die Welt bietet keine klaren Beweise von Gott, wohl aber ist sie voll von Beweisen des Verderbens und der Erlösungsbedürftigkeit des Menschen: sie trägt das Gepräge eines sich verbergenden Gottes.[134])

Wer Jesum Christum erkennt, Mittelpunkt und Ziel von allem, erkennt den Grund aller Dinge.[135])

Und wie erkennen wir Gott in Christo? Als den Gott der Liebe und des Trostes, als unser Ein und Alles. „Der Gott der Christen ist ein Gott der Liebe und des Trostes, ein Gott, welcher die Seele und das Herz, von dem er Besitz genommen hat, erfüllt. Es ist ein Gott, der sie innerlich ihr eigenes Elend und seine unendliche Barmherzigkeit fühlen lässt; der sich mit dem Grunde

128) II 114. 129) II 116. 130) II 113. 131) II 114. 132) II 165. II 164.
133) II 164.
134) II 117. II 157. II 154.
135) II 115. Jésus-Christ est l'objet de tout et le centre où tout tend. Qui le connaît, connaît la raison de toutes choses.

ihrer Seele vereinigt; der sie mit Demuth, Freude, Vertrauen und Liebe erfüllt; der sie unfähig macht, ein anderes Ziel zu wollen als ihn selbst". [136])

In der Liebe zu Gott und im Hass gegen uns selbst besteht unsere wahre Glückseligkeit. [137])

Wir sollen aber auch nicht die vergänglichen Geschöpfe lieben; die Hingabe an die Creatur hindert uns, Gott zu dienen und ihn zu suchen. [138])

Wir sollen Gott allein, Princip und Ziel von allem, lieben unsere Begierde freilich lässt uns nur uns selbst lieben: wir werden mit Feindschaft gegen die Liebe Gottes — also mit Schuld — geboren. Ein Heilmittel dagegen bietet die christliche Religion im Gebet: wir sollen Gott bitten, ihn lieben zu können. [139])

Dem Einwande, es sei unglaublich, dass Gott sich mit uns vereinige, liegt scheinbar Demuth, in der That aber nichts weiter als Hochmuth zu Grunde; das heisst der Barmherzigkeit Gottes Schranken setzen. [140])

c) Erbsünde.

In Christo erkennen wir uns selbst, unser Elend. Das Christenthum zeigt uns, dass wir von Gott abgefallen sind, dass alle Gegensätze und Widersprüche aus der Sünde stammen und alle Sünde sich herleitet von jenem ersten Sündenfall des Menschen.

Ursprünglich ist der Mensch von Gott heilig, unschuldig, vollkommen, wissend, gottschauend, unsterblich, selig erschaffen. Aber er kann soviel Herrlichkeit nicht ertragen. Aus Stolz sagt er sich von Gott los und macht sich zum Mittelpunkt seiner selbst. Er

---

[136]) II 116.

II 354. Le dieu des chrétiens est un Dieu, qui fait sentir à l'âme qu'il est son unique bien; que tout son repos est en lui, qu'elle n'aura de joie qu'à l'aimer; et qui lui fait en même temps abhorrer les obstacles qui la retiennent, et l'empêchent d'aimer Dieu de toutes ses forces. L'amour-propre et la concupiscence qui l'arrêtent lui sont insupportables. Ce Dieu lui fait sentir qu'elle a ce fonds d'amour-propre qui la perd, et que lui seul la peut guérir.

[137]) II 152. I 228. II 143. [138]) II 143. [139]) II 144. [140]) II 149. II 156.

stellt sich Gott gleich durch das Verlangen, seine Glückseligkeit in sich selbst zu finden, wie Gott. Gott überlässt ihn sich selbst. Die Creatur empört sich gegen ihn: er wird selbst den Thieren ähnlich, kaum eine dunkle Kenntniss seines Schöpfers bleibt ihm. Die Sinne beherrschen oft die Vernunft und treiben ihn zur Vergnügungssucht. Nur ein schwaches Gefühl seiner ersten Natur behält er. Blindheit und Begierde sind seine zweite Natur geworden.

Von diesem Grundprincip aus lassen sich die Widersprüche im Leben verstehen.[141])

So trägt der Mensch zwei Naturen in sich: eine höhere und eine niedere; aber letztere hat erstere fast ganz unterjocht. Diese Doppelnatur ist so deutlich, dass manche geglaubt haben, wir hätten zwei Seelen, da in einem einfachen Wesen eine derartige Verschiedenheit unmöglich wäre.[142])

Diese Doppelnatur hat auch Anlass gegeben zu den verschiedenen Philosophieen: die Stoiker haben den Menschen vergottet, die Epikureer haben ihn verthiert.[143]) Der Glaube sagt: „Der Mensch ist über die ganze Natur erhaben, Gott ähnlich, Gott theilhaftig im Zustande der Erschaffung oder in dem der Gnade; er ist aber aus diesen Zustand gefallen und den Thieren ähnlich geworden im Zustande der Verderbniss und Sünde“.[144]) Die Stoiker führen zum Hochmuth, die Epikureer zur Trägheit; das Christenthum adelt den Menschen ohne Selbstüberhebung: es erhebt ihn zur Theilnahme am göttlichen Wesen, und es erniedrigt ihn ohne Verzweiflung: auch der Christ trägt noch die Quelle des Verderbens in sich. So kann allein die Einfalt des Evangeliums den Menschen belehren und bessern.[145])

Der Mensch in seinem natürlichen Zustand ist ein entthronter König.[146]) Er war einst König im Besitze von Wahrheit und Glückseligkeit. Die Sünde stürzte ihn vom Throne. Nur die Erinnerung an seine Königsherrlichkeit, eine Idee von Wahrheit und Seligkeit, nahm er mit hinaus in eine Welt voll von Räthseln und Geheimnissen. Aber Christus kommt und macht den Ent-

[141]) II 153 die Rede der Weisheit Gottes.
[142]) II 81 [143]) II 141. [144]) II 158. II 145. [145]) II 136. [146]) II 82.

thronten wieder zum König: er führt ihn zurück in das Reich der Wahrheit und Seligkeit.[147])

Wir sehen: in der Erbsünde findet Pascal die Lösung aller Widersprüche. Diese Lehre des Christenthums sagt ihm, der das Wesen des Menschen erforschen will, am meisten zu. Ohne dieses Geheimniss, das unverständlichste von allen, sind wir uns unbegreiflich.[148]) Wohl befremdet es die Vernunft, es erscheint ihr als Thorheit. Es ist aber eine Sache, die über die Vernunft hinausgeht. Ja, diese Thorheit ist weiser als die ganze Weisheit der Menschen: es ist die göttliche Thorheit.[149])

2. Mittel zum Glauben.

Pascal führt drei Mittel an, durch die man zum Glauben gelangt: Vernunft, Gewöhnung und Erleuchtung. Man muss den Geist den Beweisen öffnen, sich durch Gewöhnung darin befestigen und sich durch Selbstdemüthigung für die göttliche Erleuchtung empfänglich machen.[150]) Die göttliche Erleuchtung ist das Hauptmittel, ohne sie ist man kein wahrer Christ; durch sie wird der einfachste Mensch auch ohne Reflexion ein guter Christ, durch sie erst glaubt man mit Erfolg und Treue.[151])

a) Vernunft.

Wenn auch der Glaube in erster Linie Herzenssache ist[152]),

147) II. 104. 148) II 105. 149) II 106.

150) II 177. Il y a trois moyens de croire: la raison, la coutume, l'inspiration. La religion chrétienne qui seule a la raison, n'admet pas pour ses vrais enfants ceux qui croient sans inspiration: ce n'est pas qu'elle exclue la raison et la coutume; au contraire, mais il faut ouvrir son esprit aux preuves s'y confirmer par la coutume; mais s'offrir par les humiliations aux inspirations qui seules peuvent faire le vrai et salutaire effet: Ne evacuetur crux Christi.

151) II 177. Ne vous étonnez pas de voir des personnes simples croire sans raisonnement. Dieu leur donne l'amour de soi et la haine d'eux-mêmes. Il incline leur cœur à croire. On ne croira jamais d'une créance utile et de foi, si Dieu n'incline le cœur, et on croira dès qu'il l'inclinera. Et c'est ce que David connaissait bien: „Inclina cor meum, Deus, in testimonia tua!"

II 179. Ceux que nous voyons chrétiens sans la connaissance des prophéties et des preuves ne laissent pas d'en juger aussi bien que ceux qui ont cette connaissance: ils en jugent par le cœur, comme les autres en jugent par l'esprit. C'est Dieu lui-même qui les incline à croire; et ainsi ils sont très efficacement persuadés.

152) II 172. C'est le cœur qui sent Dieu et non la raison. Voilà ce que c'est que la foi: Dieu sensible au cœur, non à la raison.

so schliesst doch Pascal die Beweise, die zum Verstande sprechen, keineswegs aus, sondern lässt sie als menschliche Vorbereitung zu.

Er will in den Pensées den Ungläubigen die christliche Religion durch Darlegung von Gründen nahebringen, ist sich aber zugleich bewusst, dass solche verstandesmässige Demonstration den Glauben nicht schaffen, sondern ihm nur entgegenführen kann; Gott allein giebt den Glauben ins Herz, nur so kommt wahre Ueberzeugung zu Stande.[153])

Ueberhaupt muss man sich in Religionssachen vor zwei Extremen hüten, einmal vor dem völligen Ausschluss der Vernunft und sodann vor dem alleinigen Geltendmachen der Vernunft.[154]) Unterwirft man alles der Vernunft, so hat unsere Religion nichts Geheimnissvolles, Uebernatürliches; verletzt man die Principien der Vernunft, so wird sie abgeschmackt und lächerlich.[155])

In das Heiligthum des Glaubens kann uns die Vernunft nicht führen, wohl aber bis an seine Pforte.[156])

Pascal unterscheidet zwei Wege, von der Wahrheit der Religion zu überzeugen, Vernunft und Autorität der Schrift, und giebt dem letzteren den Vorzug.[157]) Da aber die Menschen nun einmal so sind, dass sie nur der Vernunft folgen wollen, so betritt er diesen Weg. Er will zeigen, dass die Religion der Vernunft nicht entgegengesetzt ist, und er will sie zugleich verehrungswürdig und liebenswerth machen; weiss er doch, welche Macht Wille und Neigung über den Menschen haben.[158])

II 176. Il faut mettre notre foi dans le sentiment; autrement elle sera toujours vacillante.

[153]) II 109.

II 352. Ceux à qui Dieu a donné la religion par sentiment de cœur sont bien heureux et bien persuadés. Mais pour ceux qui ne l'ont pas, nous ne pouvons la leur procurer que par raisonnement en attendant que Dieu la leur imprime lui-même dans le cœur; sans quoi la foi est inutile pour le salut.

[154]) II 348.

[155]) II 348. II 347. Soumission et usage de la raison, en quoi consiste le vrai christianisme. Cf. I 212.

[156]) II 349. La foi dit bien ce que les sens ne disent pas, mais non pas le contraire de ce qu'ils voient. Elle est au-dessus et non pas contre.

[157]) II 352. [158]) II 387.

Welches sind nun seine Beweise für die Wahrheit der christlichen Religion? Das Christenthum erklärt das Geheimniss der Menschennatur. Die Antwort auf die Frage des Menschen ist der Christ. Die Göttlichkeit Jesu Christi und die Autorität der Schrift gründen sich auf Wunder und Propheten. Die Gründung der christlichen Religion, die Heiligkeit, Hoheit und Demuth einer Christenseele, die Wunder der heiligen Schrift, die Person Jesu Christi, Apostel und Propheten, die Erfüllung der messianischen Weissagungen, der Zustand des jüdischen Volks vor und nach Christi Geburt, die beständige Fortdauer der christlichen Religion, die Heiligkeit derselben, ihre Lehre; kein Vernünftiger kann diesen Beweisen für die christliche Religion widerstehen.[159])

Allerdings sind diese Beweise nicht unbedingt überführend, aber sie sind auch nicht so, dass es vernunftlos sei, sie zu glauben; die Gnade, nicht die Vernunft lässt der Religion folgen, die Begierde, nicht die Vernunft lässt die Religion fliehen.[160])

Nach Pascal, sagt Havet, heisst die Religion beweisen, nicht eine wirkliche Demonstration davon geben, sondern Gründe zu ihrer Unterstützung bieten, zeigen, dass es vernünftig sei, daran zu glauben. Sein Beweis ist eine Wahrscheinlichkeit, welche die Gewissheit nicht erreicht und es nicht behauptet.

So räth die Vernunft dem Menschen, auf Gott zu wetten: er kann da entweder nichts verlieren oder alles gewinnen.[161]) Und wenn der Ungläubige klagt, dass er wohl bereit sei, zu wetten, d. h. zu glauben, seine Begierde aber seiner Vernunft widerstehe, so giebt ihm Pascal den Rath, es zu machen wie die, welche schon zum Glauben gekommen sind, nämlich Weihwasser zu nehmen und Messe lesen zu lassen. Dies Verfahren wird die Leidenschaften, unsere grössten Feinde, die uns von Gott abhalten, verringern und somit dem Glauben vorarbeiten.[162])

---

159) II 365ff.

160) II 264.

161) II 166ff., diese Anwendung der Wahrscheinlichkeitsrechnung auf den Glauben an Gott, wie charakteristisch für den Mathematiker in Pascal!

162) II 168. II 181. Vous auriez bientôt la foi, si vous aviez quitté les plaisirs.

Aehnlich empfiehlt Pascal das innere Gespräch, das der Mensch mit sich selbst hält, auf Gott, die Wahrheit, zu richten.[163])

b) Gewöhnung.

Pascal weiss, welche Macht die Gewohnheit über den Menschen hat: er nennt sie unsere zweite Natur und räth, uns an den Glauben zu gewöhnen.[164])

Hat der Geist erkannt, wo die Wahrheit ist, so muss die Gewohnheit diesen Glauben unserem ganzen Wesen und Leben mittheilen. Durch Gewohnheit wird der Glaube uns zur anderen Natur. Den Glauben durch Vernunft charakterisirt Pascal als einen schwierigen, der uns immerdar zu entfliehen droht, und nennt im Gegensatz dazu den Glauben durch Gewohnheit einen leichteren, der uns „ohne Zwang, Kunst und Beweis" glauben lässt. Wir sind eben nicht bloss geistige Wesen, die durch reine Demonstration überzeugt werden, sondern auch sinnliche, der Gewohnheit unterworfene: sie macht unsere stärksten und allgemeinsten Beweise, giebt unserer Natur die Richtung und zieht unmerklich den Geist mit fort. Beides muss also zusammenkommen: der Geist muss durch Gründe überzeugt sein, der natürliche Mensch durch Gewohnheit: „Man muss sich hierüber keiner Täuschung hingeben: wir sind ebenso gut Automaten[165]) als geistige Wesen, und daher kommt es, dass das Mittel, welches die Ueberzeugung hervorbringt, nicht allein die Beweisführung ist. Wie wenig Dinge lassen sich beweisen! Die Beweise überzeugen nur den Verstand. Die Gewohnheit bildet unsere stärksten und entscheidendsten Beweise; sie bestimmt den Automaten, welcher den Verstand mit sich fortzieht, ohne dass er es denkt. Man muss sich zur Gewohnheit flüchten, wenn der Geist einmal erkannt hat, wo die Wahrheit ist, damit dieser Glaube, der uns jede Stunde entkommen könnte, uns gang und gäbe werde; denn es wäre zuviel gefordert, wenn man sich die Beweise immer gegenwärtig halten wollte.

---

163) I 218. Il faut se tenir en silence autant qu'on peut, et ne s'entretenir que de Dieu, qu'on sait être la vérité; et ainsi on se le persuade à soi-même.

164) II 169. 165) cf. p. 16.

Man muss sich einen leichteren Glauben erwerben, und das ist der der Gewohnheit, welche ohne Gewaltthätigkeit, ohne Kunst, ohne Beweis uns die Dinge glauben lässt und allen unseren Kräften die Richtung zu diesem Glauben mittheilt, sodass unsere Seele ganz natürlich in den Glauben hineingeräth. Wenn man nur vermöge der Ueberzeugung glaubt, und wenn der Automat geneigt ist das Gegentheil zu glauben, so genügt dies nicht. Es müssen also unsere beiden Bestandtheile zum Glauben gebracht werden: der Geist durch Gründe, die es genügt, sich einmal in seinem Leben klar gemacht zu haben, und der Automat durch die Gewohnheit, indem man ihm nicht erlaubt, sich zum Gegentheil zu neigen. Inclina cor meum, Deus.[166])

c) Erleuchtung.

Das Hauptmittel zum Glauben ist die göttliche Erleuchtung.

Der Gläubige ist von Gott erleuchtet, obwohl er selbst es nicht beweisen kann.[167])

Der Glaube ist ein Geschenk Gottes, nicht der Vernunft.[168]) Er steht nicht in unserer Macht wie die Werke des Gesetzes, sondern er ist uns auf andere Weise gegeben.[169])

Er ist ein Act der göttlichen Gnade, auf den sich der Mensch nur durch Selbstdemüthigung vorbereiten kann.[170])

Gott neigt das Herz zum Glauben.[171])

Gott giebt den Menschen die Liebe zu ihm und den Hass ihrer selbst ins Herz, er lenkt das Herz zum Glauben.[172])

Das Aufnahmeorgan für die göttliche Erleuchtung ist also das Herz oder der Wille. Gott wirkt auf den Willen.[173])

---

166) II 174, 175.

167) II 180.

168) II 178. La foi est un don de Dieu. Ne croyez pas que nous disions que c'est un don de raisonnement.

169) II 178.

170) II 198. La conduite de Dieu, qui dispose toutes choses avec douceur, est de mettre la religion dans l'esprit par les raisons et dans le cœur par la grâce. Cf. II 177.

171) II 179. C'est Dieu lui-même qui les incline à croire; et ainsi ils sont très efficacement persuadés.

172) II 177.

173) II 158. Dieu veut plus disposer la volonté que l'esprit. La clarté

Der Mensch urtheilt, von Gott erleuchtet, nicht mehr nach dem eigenen, sondern nach dem göttlichen Willen.

Die Frucht der Erleuchtung ist die Bekehrung. Nur durch die Gnade kommt die Bekehrung zu Stande.[174]) Im Augenblick der Taufe ist dem Menschen das Bild Gottes eingeprägt worden; die Sünde hat es ausgetilgt; durch die Bekehrung wird es wieder hergestellt.[175]) Gott giebt die guten Regungen.[176]) Die Bekehrung in ihren einzelnen Stadien hat Pascal mit psychologischem Feinblick in der Schrift „Ueber die Bekehrung des Sünders" beschrieben.[177])

Aber nicht jeder wird der Erleuchtung theilhaftig, sondern nur der, den Gott dazu in Liebe vorausbestimmt hat. Das düstere Gegenbild zu dem sonnenhellen Gemälde der Erleuchtung ist die Verblendung. Erleuchtung wie Verblendung ist Gottes Wille: „Gott will verblenden und erleuchten".[178]) Jesus Christus erschien, um zu verblenden und zu erleuchten.[179])

Wir stossen da wieder auf den Kern der theologischen Anschauung Pascals, auf die Lehre vom verborgenen Gott. Vor dem Fall ist Gott den Menschen offenbar, nach demselben hat sich Gott von dem Menschengeschlecht zurückgezogen. Er ist verborgen, er will verborgen sein. Nur seinen Lieblingen offenbart er sich, verbirgt sich aber denen, die er nicht liebt. Die Unglücklichen können

parfaite servirait à l'esprit et nuirait à la volonté. Dies Paradoxon erklärt sich aus Pascals Ansicht, dass Gott die stolze Vernunft demüthigen, den schwankenden Willen aber heilen will, cf. p. 26 dieser Abhandlung. Hier steht Pascal ganz im Gegensatz zu Descartes; für diesen hängt die Vollkommenheit des Wollens von der Vollkommenheit der Einsicht ab, vergl. seine Theorie des Irrthums, der auf einem nicht durch genügende Einsicht geleiteten Wollen beruht.

[174]) I 67. Mon Dieu, mon cœur est tellement endurci que la maladie non plus que la santé . . . ni vos écritures sacrées . . . ne peuvent rien du tout pour commencer ma conversion, si vous n'accompagnez toutes ces choses d'une assistance tout extraordinaire de votre grâce.

[175]) I 68, 69.

[176]) I 70.

[177]) I 82.

[178]) II 296. Dieu voulant aveugler et éclairer.

[179]) II 330. Jésus-Christ est venu aveugler ceux qui voyaient clair et donner la vue aux aveugles.

Gott nicht sehen, weil er in der That ihnen nicht sichtbar ist. Auch durch Wunder, Figuren und Weissagungen können sie nicht überzeugt werden: Gott will es nicht.[180])

Wir sehen, Glaube wie Nichtglaube ist nach Pascal, dem Jansenisten, eine Wirkung Gottes.

Nur der von Gott Erleuchtete kann glauben im vollen Sinne des Wortes. Vernunft und Gewöhnung bereiten den Glauben nur vor; dieser selbst ist ein Werk der Gnade. Nur der Erwählte, der Erleuchtete ist ein wahrer Christ.[181]) Er ist der Gerechte. Er hat die Wahrheit, Jesum Christum; er hat das höchste Gut, Gott; er hat die herrlichste Tugend, die Liebe zu Gott. Ihm gelten Pascals schöne Worte: Nul n'est heureux comme un vrai chrétien, ni raisonnable, ni vertueux, ni aimable. Avec combien peu d'orgueil un chrétien se croit-il uni à Dieu! Avec combien peu d'abjection s'égale-t-il aux vers de la terre! La belle manière de recevoir la vie et la mort, les biens et les maux![182])

Zusammenfassung.

Wir haben gesehen, Pascals Ansicht über das Verhältniss von Glauben und Wissen ist einer Wandlung unterworfen.

In der ersten Periode seiner geistigen Entwickelung, wo die Mathematik im Vordergrunde seines Interesses steht, stellt er Wissen und Glauben als zwei vollkommen von einander verschiedene Grössen dar.

Ihre Gebiete sind verschieden, das Wissen hat sich zu bethätigen auf dem Gebiete der den Sinnen anheimfallenden Wissenschaften: Geometrie, Arithmetik, Naturlehre, Arzeneikunde, Baukunst; der Glaube auf dem Gebiet der religiösen Wahrheiten.

Ihr Ursprung ist verschieden, das Wissen ist des Menschen eigene That, der Glaube ist Gottes Wirkung im Menschen.

Das Aufnahmeorgan ist verschieden, das Wissen ist Sache des Verstandes, der Glaube ist Sache des Herzens.

---

[180]) II 263. II 281. Les prophéties, citées dans l'Evangile, vous croyez, qu'elles sont rapportées pour vous faire croire. Non, c'est pour vous éloigner de croire.

[181]) II 177. [182]) II 376.

In der ersten Periode legt Pascal den Hauptton auf den Verstand, in der zweiten auf das Herz.

Von den abstrakten Wissenschaften wendet er sich zum Studium des Menschen. Er liest die verschiedenen, sich gänzlich widersprechenden Ansichten der Philosophen über den Menschen und wird immer misstrauischer gegen das Wissen. Er kommt auf den Standpunkt der „weisen Unwissenheit“: „Ich weiss, dass ich nichts weiss!“ Da findet er die Lösung des Räthsels vom Menschen im Jansenismus. Er unterwirft seine Vernunft dem Dogma vom Fall und von der Gnade. Im Glauben findet er das höchste Wissen. Von hier aus erscheint ihm alles menschliche Wissen unvollständig und unsicher. Das Gebiet der den Sinnen anheimfallenden Wissenschaften beurtheilt er jetzt geringschätzig: Die Mathematik ist keine Stunde Arbeit werth! Die Theologie, und zwar die jansenistische, die ihm das Räthsel aller Räthsel — das des Menschen — löst, ist ihm das Centrum der Wahrheit. Jetzt als Jansenist kennt er nur ein Gebiet der Wahrheit, das des Glaubens. Alles menschliche Wissen ist ihm nichts gegen diesen gottgewirkten Glauben, auf den sich der Mensch mittelst der Vernunft zwar vorbereiten, den er aber nie durch sie erringen kann. Gott allein giebt ihn dem Erwählten.

Darf ich ein Bild gebrauchen? Bei Pascal, dem Mathematiker, verhält sich das Wissen zum Glauben wie zwei Fürsten von verschiedener Abkunft und anders geartetem Charakter. Jeder hat sein Reich, jeder bleibe in seinem Reiche: dann giebt es keine Grenzstreitigkeiten. Bei Pascal, dem Jansenisten, verhält sich das Wissen zum Glauben wie der Besiegte zum Sieger. Pascal demüthigt die stolze Vernunft, bringt sie zur Erkenntniss ihrer Schwäche und zwingt sie auf die Kniee vor dem Throne des Glaubens: sie muss die Krone, die sie sich selbst angemaasst, mit eigener Hand zerbrechen und das Scepter des gottgeborenen Glaubens in Demuth küssen, und dieser nimmt sie auf in sein Reich aus Gnaden.

Das religiös-ethische Ideal Pascals.

Von

Lic. Dr. **Kurt Warmuth.**

Leipzig, Georg Wigand, 1901.

M. 1,50.

Auszüge aus Beurteilungen.

Theologische Litteraturzeitung.

„Ein mit feinem Verständniss und warmer Liebe zum Gegenstande geschriebenes Büchlein! Den vorwiegend negativen Charakter des von Pascal nicht nur verkündigten, sondern auch vorgelebten Ideals hat Warmuth treffend beleuchtet. Die Schrift sei nicht nur den Theologen, sondern auch den gebildeten Laien, die sich für religiöse und ethische Fragen interessiren, aufs Beste empfohlen."

Strassburg i./E.

Prof. Dr. Lobstein.

Leipziger Zeitung, Wissenschaftliche Beilage.

„Es ist eine dankenswerthe Aufgabe, die sich Lic. Dr. Warmuth gestellt hat, und wir verhehlen unsere Freude nicht, dass ihm die Lösung wohl gelungen ist. Was die Schrift besonders auszeichnet, ist die logisch-scharfe Gliederung des Stoffes und die belebende, warmherzige Darstellung. Man verspürt es auf jeder Seite, dass der Verfasser durch eingehende, gründliche Studien sich in seinen Gegenstand vertieft und ihn mit innerer Antheilnahme gestaltet hat. Dabei verdient die Objectivität Anerkennung, die in der Beurtheilung waltet. Er besitzt ein offenes Auge auch für das Falsche, Einseitige und Schiefe in Pascals Auffassung des religiös-sittlichen Lebens. Die negative Seite seines Ideals, die sich in der Herabsetzung der Arbeit, des Hauses, der Familie und des Staates ausspricht, tritt in der Darlegung mit derselben Schärfe hervor, wie die positive. Wir können die hübsche Arbeit des jungen Theologen aufrichtig empfehlen, sie besitzt alle inneren und äusseren Merkmale, den Leser zu fesseln und für den Gegenstand zu interessiren."

Prof. D. Dr. Wünsche.

Evangelische Kirchen-Zeitung.

„Man empfängt hier einen bei aller Knappheit doch umfassenden Ueberblick über das religiös-ethische Ideal jenes Asketen von Port-Royal, dem es überall um die Verinnerlichung und Vertiefung des religiösen Lebens zu thun war. Wie er sich diese Verinnerlichung gedacht hat, und wie er selbst diesem Ideal gemäss gelebt hat, das wird hier so übersichtlich dargestellt wie in einem Lehrbuche und in so warmem Tone wie in einem Erbauungsbuche. Die gelehrten Studien des Verfassers sind überall als Unterströmung zu spüren und wecken dem Leser den Eindruck des Wohlerwogenen und Festbegründeten. So werden Liebhaber Pascals an der höchst sympathischen Gabe herzliche Freude haben."

L.-L.

Theologischer Litteratur-Bericht.

„Diese treffliche Monographie giebt ein kurzes Charakterbild des Mannes, der ebenso gross wie in seinen wissenschaftlichen und schriftstellerischen Leistungen als Christ dasteht."

Gloatz-Dabrun.

Protestantische Monatshefte.

„In unserer nüchternen, vorwiegend praktisch gerichteten Zeit und gegenüber einer einseitig ethisirenden Richtung in der Theologie darf es gewiss als heilsam bezeichnet werden, sich in eine Persönlichkeit zu vertiefen, der die christliche Religion, und zwar in ihrer Ausprägung als mystische Kontemplation, ein und alles ist, und dies umso mehr, wenn es sich um einen Mann handelt von der Ueberlegenheit des Geistes und dem Adel der Gesinnung wie Pascal. Das Werk Warmuths zeugt von liebevoller Versenkung in das Ideal und ist in edler, prägnanter Sprache geschrieben."

Dr. Göttsching.

Dresdner Anzeiger, Montags-Beilage:

„Warmuth entwirft in schöner lichtvoller Darstellung ein frisches und fesselndes Bild von dem religiös-ethischen Ideale Pascals. . . Wir haben in der Schrift des Licentiaten Dr. Warmuth eine auf umfassenden Studien der Werke Pascals beruhende Arbeit, die es verdient, nicht nur von Theologen, sondern auch von gebildeten Laien gelesen zu werden."

Neues Sächsisches Kirchenblatt.

„Die mit grosser Klarheit und Wärme geschriebene Abhandlung lässt uns in Pascals Herz sehen. Man gewinnt über der Lectüre der Schrift einen lebhaften Eindruck von der sittlichen Energie, mit der Pascal nach innerer Freiheit gerungen hat"

Dr. Goldberg.

Dresdner Journal.

„Die Arbeit ist nach der materiellen wie formellen Seite ein kleines Meisterstück, das volle Anerkennung verdient. Da es besonders unserer Zeit not thut, sich mit ernsten religiösen Naturen zu beschäftigen, um an ihrer Kraft die eigene erstarken zu lassen, so wünschen wir der gediegenen Arbeit recht viele Leser."

Die Seelsorge.

„Die fleissige Arbeit sei allen Seelsorgern bestens empfohlen!"

Sächsisches Kirchen- und Schulblatt.

„Eine durchaus gediegene werthvolle Arbeit!"

Kolibri 360 GmbH
Ferdinand-Jühlke-Straße 7
99095 Erfurt, Deutschland
produktsicherheit@kolibri360.de